佳能 EOS R6 Mark II
摄影及视频拍摄技巧大全

宿丹华　贾亦男◎编著

化学工业出版社
·北京·

内 容 简 介

本书讲解了佳能EOS R6 Mark II相机的各项实用功能、曝光技巧及在各类题材中的实拍技巧等，让读者先学习相机结构、菜单功能，再接着学习曝光功能、器材等方面的知识，最后学习生活中常见的题材拍摄技巧，从而迅速上手佳能EOS R6 Mark II。

随着短视频和直播平台的发展，越来越多的人开始使用相机录视频、做直播，因此，本书专门通过数章内容讲解了拍摄短视频需要的器材、需要掌握的参数功能、镜头运用方式，以及使用佳能EOS R6 Mark II相机拍摄视频的基本操作与菜单设置，让读者紧跟潮流玩转新媒体。

相信通过本书的学习，读者可以全面掌握佳能EOS R6 Mark II相机的拍摄功能，既能拍美图，成为朋友圈靓丽的风景线，又能拍好短视频，一举抓住视频创业风口。

本书附赠一本人像摆姿摄影电子书（PDF）、一本花卉摄影欣赏电子书（PDF）、一本鸟类摄影欣赏电子书（PDF），以及一本摄影常见题材拍摄技法及佳片赏析电子书（PDF）。

图书在版编目（CIP）数据

佳能 EOS R6 Mark II 摄影及视频拍摄技巧大全 / 宿丹华，贾亦男编著 . —北京：化学工业出版社，2023.7
（2024.11 重印）

ISBN 978-7-122-43353-4

Ⅰ . ①佳⋯ Ⅱ . ①宿⋯ ②贾⋯ Ⅲ . ①数字照相机—单镜头反光照相机—摄影技术 Ⅳ . ① TB86 ② J41

中国国家版本馆 CIP 数据核字（2023）第 071588 号

责任编辑：王婷婷　孙　炜　　　　　　　　封面设计：异一设计
责任校对：宋　夏　　　　　　　　　　　　装帧设计：盟诺文化

出版发行：化学工业出版社（北京市东城区青年湖南街 13 号　邮政编码 100011）
印　　装：北京宝隆世纪印刷有限公司
710mm×1000mm 1/16　印张 12³/₄　字数 300 千字　2024 年 11 月北京第 1 版第 3 次印刷

购书咨询：010-64518888　　　　　　　　　售后服务：010-64518899
网　　址：http://www.cip.com.cn
凡购买本书，如有缺损质量问题，本社销售中心负责调换。

定　　价：128.00 元　　　　　　　　　　　版权所有　违者必究

前　言

本书是一本全面解析佳能 EOS R6 Mark II 相机强大功能、实拍设置技巧及各类拍摄题材实战技法的实用类书籍，将官方手册中没讲清楚或没讲到的内容，以及抽象的功能描述，通过实拍测试及精美照片示例具体、形象地展现出来。

在相机功能及拍摄参数设置方面，本书不仅针对佳能 EOS R6 Mark II 相机的结构、菜单功能，以及光圈速度、快门、白平衡、感光度、曝光补偿、测光、对焦、拍摄模式等设置技巧进行了详细讲解，更有详细的菜单操作图示。即使是没有任何摄影基础的初学者，也能够根据这样的图示玩转相机的菜单及功能设置。

在镜头与附件方面，本书针对数款适合该相机配套使用的高素质镜头进行了详细点评，同时对常用附件的功能和使用技巧进行了深入解析，以便各位读者有选择地购买相关镜头或附件，与佳能 EOS R6 Mark II 相机配合使用，从而拍摄出更漂亮的照片。

在摄影实战技术方面，本书通过大量精美的实拍照片，深入剖析了使用佳能 EOS R6 Mark II 相机拍摄人像、风光等常见题材的技巧，以便读者快速提高摄影水平（此部分内容在本书附赠的电子书中）。

考虑到许多相机爱好者的购买初衷是拍摄视频，因此本书特别讲解了使用佳能 EOS R6 Mark II 相机拍摄视频时应该掌握的各类知识。除了详细讲解了拍摄视频时的相机设置与重要的菜单功能，还讲解了与拍摄视频相关的镜头语言、硬件准备等知识。

经验与解决方案是本书的亮点之一，笔者通过实战总结了一些关于佳能 EOS R6 Mark II 相机的使用经验及技巧，这些经验和技巧一定能够帮助各位读者少走弯路，让读者感觉身边时刻有"高手点拨"。

本书还汇总了摄影爱好者初上手使用佳能 EOS R6 Mark II 相机时可能遇到的一些问题、出现的原因及解决方法，相信能够帮助许多爱好者解决这些问题。

为了拓展本书内容，本书将赠送笔者原创正版的 4 本摄影电子书（PDF），包括一本人像摆姿摄影电子书、一本花卉摄影欣赏电子书、一本鸟类摄影欣赏电子书，以及一本摄影常见题材拍摄技法及佳片赏析电子书。

如果希望与笔者或其他爱好摄影的朋友交流与沟通，各位读者可以添加客服微信 hjysysp 与我们在线沟通交流，也可以加入摄影交流 QQ 群与众多喜爱摄影的小伙伴交流，群号为 327220740。

如果希望每日接收到新鲜、实用的摄影技巧，还可以搜索并关注微信公众号"好机友摄影"，或者在今日头条、百度、抖音、视频号中搜索并关注"好机友摄影"或"北极光摄影"。

本书由宿丹华老师及贾亦男老师共同编著，其中贾亦男老师负责编写 18 万字。

编著者

2023 年 4 月

目　录
CONTENTS

第 3 章 必须掌握的曝光、对焦操作方法及菜单选项

第4章 灵活运用曝光模式拍出好照片

第5章 拍出佳片必须掌握的高级曝光技巧

第6章 认识镜头分类、卡口及佳能微单镜头推荐

第 7 章 滤镜及脚架等附件的使用技巧

第 8 章 拍视频要理解的术语及必备附件

第 9 章 拍视频必学的镜头语言与分镜头脚本的撰写方法

第 10 章 录制常规、延时及慢动作视频的参数设置方法

第 11 章 口播、美食、VLOG 等 常见视频类型实战拍摄方法

获得本书赠品的方法

第 1 章
玩转佳能 EOS R6 Mark Ⅱ
相机从机身开始

佳能EOS R6 Mark Ⅱ
正面结构

❶ 快门按钮

半按快门可以开启相机的自动对焦及测光系统，完全按下时将完成拍摄。当相机处于省电状态时，轻按快门可以恢复工作状态

❷ 自拍指示灯/自动对焦辅助光

当设置 2s、10s 自拍或遥控拍摄功能时，此灯会连续闪光进行提示；在弱光环境下拍摄，半按快门按钮时，此灯会持续发出自动对焦辅助光，以辅助自动对焦

❸ 麦克风

在拍摄短片时，可以通过此麦克风录制单声道音频

❹ RF镜头安装标志

将镜头上的红色标志与机身上的红色标志对齐，旋转镜头即可完成安装

❺ 镜头释放按钮

用于拆卸镜头，按下此按钮并旋转镜头的镜筒，可以把镜头从机身上取下来

❻ 相机手柄（电池仓）

相机电池安装在内部

❼ 景深预览按钮

按下景深预览按钮，可以将镜头光圈缩小到当前使用的光圈值，可以更真实地观察到以当前光圈拍摄的画面景深效果

❽ 触点

用于在相机与镜头之间传递信息。将镜头拆下后，请务必装上机身盖，以免刮伤电子触点

❾ 快门帘幕/图像感应器

快门帘幕在开机状态下处于开启状态，会露出图像感应器以便在屏幕上实时显示图像。当关闭相机时，快门帘幕会降下。当按下快门拍摄时，快门帘幕也会降下，以便完成曝光拍摄

❿ 镜头固定销

用于稳固机身与镜头之间的连接

佳能EOS R6 Mark II
顶面结构

① 背带环

用于安装相机背带

② 照片拍摄/短片记录开关

用于在照片拍摄模式及视频拍摄模式之间切换

③ 热靴

用于外接闪光灯，热靴上的触点正好与外接闪光灯上的触点相合；也可以外接无线同步器，在有影室灯的情况下起引闪的作用

④ 拍摄模式拨盘

用于在各种拍摄模式之间切换，使用时要旋转拨盘使白线对准各个模式标志字母

⑤ M-Fn多功能按钮

按下此按钮，并转动速控转盘可以设置ISO感光度、驱动模式、白平衡模式、自动对焦操作及闪光曝光补偿

⑥ 主拨盘

直接转动主拨盘可以设置快门速度或光圈；按下M-Fn按钮后，转动主拨盘可以选择相关的设置

⑦ 短片拍摄按钮

用于开始或停止短片拍摄

⑧ 电源/多功能锁开关

拨动此拨杆到"ON"位置，可以开启相机，拨动此拨杆到"OFF"位置，可以关闭相机。拨动此拨杆到"LOCK"位置，可以防止意外操作主拨盘、速控转盘、多功能控制钮、控制环，或者意外点击触摸屏而导致参数设置更改，再次拨动此拨杆到其他位置，则解锁控制。能够控制的按钮需要事先通过"多功能锁"菜单进行设定

佳能EOS R6 Mark Ⅱ
背面结构

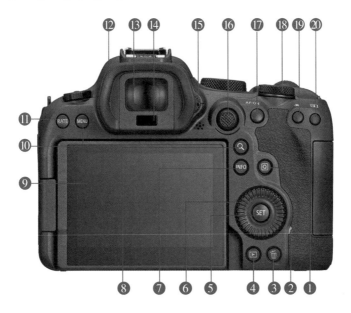

① 速控按钮

在拍摄或回放照片状态下，按下此按钮将显示速控屏幕，从而进行相关设置

② 数据处理指示灯

拍摄照片、正在将数据传输到存储卡，以及正在记录、读取或删除存储卡上的数据时，该指示灯将会亮起或闪烁

③ 删除按钮

在回放照片模式下，按下此按钮可以删除当前照片。照片一旦被删除，将无法恢复

④ 回放按钮

按下此按钮可以回放刚刚拍摄的照片，还可以使用放大／缩小按钮对照片进行放大或缩小。当再次按下此按钮时，可返回拍摄状态

⑤ 设置按钮

在菜单操作状态下，按下此按钮可用于确认选择的菜单功能，类似于其他相机上的 OK 按钮

⑥ 速控转盘1

按下一个功能按钮后，转动速控转盘可以完成相应的设置，直接转动速控转盘则可以设定曝光补偿量，或者在手动曝光模式下设置光圈值

⑦ 信息按钮

在照片拍摄模式、短片拍摄模式及回放模式下，每次按下此按钮，会依次切换信息显示

⑧ 放大／缩小按钮

在回放照片时，按下此按钮并配合"速控转盘 2"可以放大或缩小照片

⑨ 屏幕

使用此屏幕可以设定菜单功能、拍摄照片、拍摄短片，以及回放照片和短片。此屏幕还可以向上、向下旋转，或者翻转 180°，以获得更易观看的屏幕角度。另外，此屏幕是可触摸控制的，可以通过手指点击、滑动来操作

⑩ 菜单按钮

用于启动相机内的菜单功能。在菜单中可以对图像画质、日期／时间／区域等功能进行设置

⑪ 评分按钮

通过"**RATE** 按钮的功能"菜单可以使此按钮具有以下功能之一：评分、保护、删除

⑫ 眼罩

推动眼罩的底部即可将其拆下

⑬ 取景器目镜

在拍摄时，可通过观察取景器目镜里

面的景物进行取景构图

⑭ 取景器感应器

可以感应到人眼观看取景器的动作，当感应到人眼靠近取景器观看时，取景方式会自动切换到取景器，若人眼离开取景器，则会切换到屏幕上显示

⑮ 屈光度调节旋钮

对于近视又不想戴眼镜拍摄的用户，可以通过调整屈光度，使人眼在取景器中看到的影像是清晰的

⑯ 多功能控制钮

一个中间按钮带8个方向键，用拇指指尖轻按使用。用于白平衡校正、在拍摄照片或视频期间移动自动对焦点/放大框、在回放期间移动放大框或速控设置等操作

⑰ 自动对焦启动按钮

除了全自动模式，在其他拍摄模式下，按下此按钮与半按快门的效果一样，可以启动自动对焦操作

⑱ 速控转盘2

在拍摄期间，按下一个按钮后，转动此转盘可以完成相应的设置，若直接转动此转盘可以设置感光度

⑲ 自动曝光锁定按钮

在拍摄模式下，按此按钮可以锁定曝光，可以相同曝光值拍摄多张照片

⑳ 自动对焦点选择按钮

在拍摄模式下，按下此按钮后，可以按多功能控制钮来选择自动对焦点的位置

佳能EOS R6 Mark II

侧面结构

❶ 外接麦克风输入端子

通过将带有立体声微型插头的外接麦克风连接到相机的外接麦克风输入端子上，可录制立体声

❷ 耳机端子

通过将带有立体声微型插头的立体声耳机连接到相机的耳机端子，可以在短片拍摄期间听到声音

❸ 遥控端子

用于连接快门线，本相机可以使用 RS-60E3 快门线

❹ 数码端子

用 AV 线可将相机与计算机连接起来，可以在计算机上观看图像；连接打印机可以进行打印

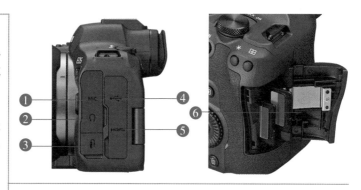

❺ HDMI micro输出端子

此端口用于将相机与 HD 高清晰度电视机连接在一起

❻ 存储卡插槽盖

打开此盖，可以安装或拆卸存储卡。佳能 EOS R6 Mark II 具有两个存储卡插槽

佳能EOS R6 Mark II

拍摄信息

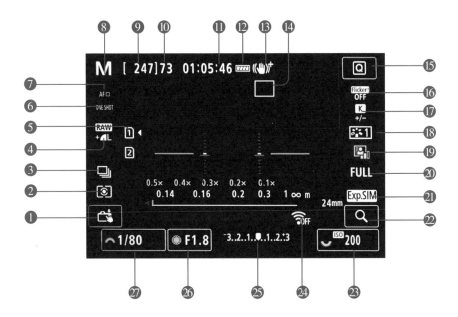

① 触摸快门/创建文件夹
② 测光模式
③ 驱动模式
④ 图像画质
⑤ 存储卡
⑥ 自动对焦操作
⑦ 自动对焦方式
⑧ 拍摄模式
⑨ 可拍摄数量 / 自拍前秒数
⑩ 最大连拍数量

⑪ 短片可记录时间
⑫ 电池电量
⑬ 图像稳定器（IS 模式）
⑭ 自动对焦点（单点自动对焦）
⑮ 速控图标
⑯ 防闪烁拍摄
⑰ 白平衡/白平衡校正
⑱ 照片风格

⑲ 自动亮度优化
⑳ 静止图像裁切/长宽比
㉑ 曝光模拟
㉒ 放大按钮
㉓ ISO 感光度
㉔ Wi-Fi 功能
㉕ 曝光补偿指示标尺
㉖ 光圈
㉗ 快门速度

佳能EOS R6 Mark II
速控屏幕

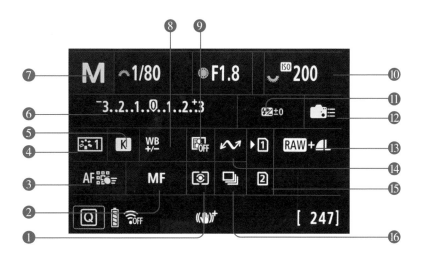

❶ 测光模式

❷ 对焦操作模式

❸ 自动对焦方式

❹ 照片风格

❺ 白平衡模式

❻ 曝光量指示标尺/曝光补偿量/自动包围曝光范围

❼ 拍摄模式

❽ 白平衡校正/白平衡包围曝光

❾ 自动亮度优化

❿ ISO 感光度

⓫ 闪光曝光补偿

⓬ 自定义相机控制

⓭ 图像记录画质

⓮ Wi-Fi功能

⓯ 存储卡

⓰ 驱动模式

第 2 章
一定要学会的 EOS R6 Mark Ⅱ 菜单设置

掌握相机菜单的设置方法

通过菜单设置相机参数

佳能 EOS R6 Mark Ⅱ 相机的菜单功能非常丰富，熟练掌握与菜单相关的操作可以帮助摄影师更快速、准确地进行设置。

● 菜单按钮
按下此按钮即可在屏幕中显示菜单项目

● 屏幕
用于显示菜单项目

● 主拨盘
转动主拨盘可切换到副设置页

● Q按钮
每按一次此按钮，将会切换主设置页

● 速控转盘
用于选择菜单项目

● SET按钮
用于选择菜单命令或确认当前的设置

首先来认识一下佳能 EOS R6 Mark Ⅱ 相机提供的菜单设置页，即位于菜单顶部的各个图标，从左到右依次为拍摄菜单 ○、自动对焦菜单 AF、回放菜单 ▶、无线功能 ⌇、设置菜单 ✔、自定义功能菜单 ⌂ 及我的菜单 ★。

通过点击触摸屏设置菜单

由于佳能 EOS R6 Mark Ⅱ 的屏幕是触摸屏，因此操作起来十分方便。下面以设置高 ISO 感光度降噪功能为例，介绍通过点击屏幕来设置菜单的操作方法。

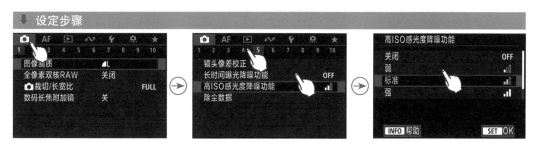

⚊ 设定步骤

❶ 点击所需的主设置页图标，即可切换到该菜单设置页。

❷ 点击副设置页数值，即可切换到该菜单设置页，在设置界面中，点击选择所需的菜单项目。

❸ 在参数设置界面中，点击选择所需选项即可。有些设置界面还需要点击一下 SET OK 图标确定。

使用速控屏幕设置参数

什么是速控屏幕

佳能 EOS R6 Mark Ⅱ 所有的查看与设置工作，都需要通过屏幕来完成，如回放照片及拍摄参数设置等。速控屏幕是指屏幕显示参数的状态，在屏幕显示的情况下，按下机身背面的回按钮，即可在拍摄或播放照片时开启速控屏幕。

▲ 当按 INFO 按钮切换为屏幕仅显示参数界面，而使用取景器取景时，按下回按钮后屏幕上显示的速控屏幕状态

▲ 当使用屏幕取景时，按下回按钮后显示的速控屏幕状态

▲ 在播放照片模式下，按下回按钮后显示的速控屏幕状态

使用速控屏幕设置参数的方法

以屏幕显示参数状态下显示的速控屏幕为例，用速控屏幕设置参数的步骤如下。

❶ 按多功能控制钮的▲、▼键，选择要设置的功能。

❷ 转动主拨盘🖰、速控转盘 1 ◯ 或速控转盘 2 🖰 可以改变设置。

❸ 如果在选择一个参数后，按下 SET 按钮，可以进入该参数的详细设置界面。调整参数后再按 SET 按钮即可返回上一级界面。其中，光圈、快门速度等参数无须按照此方法进行设置。

由于佳能 EOS R6 Mark Ⅱ 相机的屏幕具有触摸功能，因此上述操作均可通过手指直接点击来完成。

设置相机通用参数

自动旋转

当使用相机竖拍时，可以使用"自动旋转"功能将显示的图像旋转到所需要的方向。

● 开📷🖥：选择此选项，当回放照片时，竖拍图像会在屏幕和计算机上自动旋转。

● 开🖥：选择此选项，竖拍图像仅在计算机上自动旋转。

❶ 在**设置菜单 1** 中选择**自动旋转**选项

● 关：照片不会自动旋转。

▲ 竖拍时的状态

▲ 选择第一个选项后，浏览照片时竖拍照片自动旋转至竖直方向

▲ 选择第 2 个和第 3 个选项后，浏览照片时竖拍照片仍然保持拍摄时的方向

模式指南

使用此菜单可以控制相机在切换拍摄模式时是否显示模式说明。

选择"启用"选项，可以显示步骤 3 所示的模式指南界面。选择"关闭"选项，则在切换模式时，直接显示步骤 4 所示的界面。

❶ 在**设置菜单 2** 中选择**模式指南**选项

❷ 点击选择是否开启**模式指南**功能

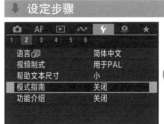

❸ 显示模式指南的界面

❹ 未显示模式指南的界面

调整屏幕亮度或取景器亮度

通过"屏幕亮度"和"取景器亮度"菜单，可以分别调整屏幕和取景器的显示亮度。通常情况下，应将屏幕或取景器的明暗调整到与最后的画面效果接近的亮度，以便于查看所拍摄照片的效果，并可随时调整相机设置，从而得到曝光合适的画面。当在环境光线较暗的地方拍摄时，为了方便查看，可以将屏幕或取景器的显示亮度调得低一些。同理，在光线较强的白天，可将亮度调高一些。

↓ 设定步骤

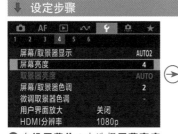 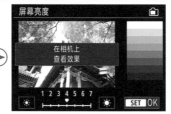

❶ 在**设置菜单 4** 中选择**屏幕亮度**选项

❷ 点击亮度图标选择所需的亮度级别进行微调，然后点击 SET OK 图标确定

高手点拨：屏幕的亮度可以根据个人喜好及环境光线进行设置。为了避免曝光错误，建议不要过分依赖屏幕显示，要养成查看直方图的习惯。

放大用户界面

启用"用户界面放大"功能后，用两个手指关节双击屏幕可放大屏幕，再次双击则恢复原始显示大小，但在放大显示期间，不支持触摸操作，设定菜单操作需按相应的按钮。

↓ 设定步骤

❶ 在**设置菜单 4** 中选择**用户界面放大**选项

❷ 点击选择**启用**或**关闭**选项，然后点击 SET OK 图标确定

关机时的快门状态

此菜单用于控制相机关闭时，传感器前方的快门帘幕状态。要更换镜头可选择"关闭"选项，以避免灰尘进入相机内部。

↓ 设定步骤

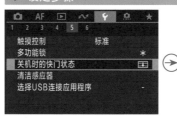 

❶ 在**设置菜单 5** 中选择**关机时的快门状态**选项

❷ 点击选择**打开**或**关闭**选项，然后点击 SET OK 图标确定

◀ 相机快门处于收拢的状态

设置节电选项

在"节电"菜单中可以控制显示屏、相机及取景器自动关闭的时间。如果不操作相机，那么相机将会在设定的时间后自动关闭显示屏、取景器的显示，或者关闭相机电源，从而减少电池消耗。

↓ 设定步骤

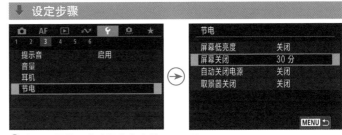

❶ 在**设置菜单 3** 中选择**节电**选项

❷ 点击选择要修改的选项

❸ 若在步骤❷中选择了**屏幕关闭**选项，点击选择一个时间选项，然后点击 SET OK 图标确定

❹ 若在步骤❷中选择了**自动关闭电源**选项，点击选择一个时间选项，然后点击 SET OK 图标确定

❺ 若在步骤❷中选择了**取景器关闭**选项，点击选择一个时间或**关闭**选项，然后点击 SET OK 图标确定

● 屏幕关闭：可以选择一个时间选项，当在设定的时间后没有操作相机，相机将会自动关闭显示屏。

● 自动关闭电源：可以选择"30 秒""1 分""3 分""5 分""10 分"及"关闭"选项，当在设定的时间后没有对相机进行操作，相机将会自动关闭电源。如果选择"关闭"选项，则不会启用自动关闭电源功能，不过当相机闲置的时间超过"屏幕关闭"设定的时间时，显示屏也将关闭，但相机电源保持开启。

● 取景器关闭：可以选择"1 分""3 分"或关闭选项，若在设定的时间后没有操作相机，相机将会自动关闭取景器。

高手点拨：在实际拍摄中，可以将"自动关闭电源"选项设置为 3～5 分钟，这样既可以保证抓拍的即时性，又可以最大限度地节电。

设置照片预览时长

为了方便拍摄后立即查看拍摄结果，可在"图像确认"菜单中设置拍摄后屏幕显示图像的时间长度。

● 关：选择此选项，拍摄完成后相机不自动显示图像。

● 持续显示：选择此选项，相机会在拍摄完成后保持图像的显示，直到自动关闭电源为止。

↓ 设定步骤

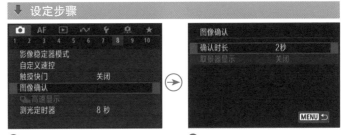

❶ 在**拍摄菜单 8** 中选择**图像确认**选项

❷ 点击可以选择图像确认的时间

● 2 秒/4 秒/8 秒：选择不同的选项，可以控制相机显示图像的时长。

高手点拨：一般情况下，2 秒已经足够做出曝光准确与否的判断了。在光线恒定、拍摄参数固定的情况下可以选择"关"选项。

设置拍摄时显示的信息

在拍摄状态下按 INFO 按钮，可在液晶屏幕或取景器中切换显示不同的拍摄信息。在"拍摄菜单9"的"拍摄信息显示"菜单中，用户可以自定义设置每次按下 INFO 键后显示的信息。

要注意的是，在第三个步骤中只有前三个选项是可以按 INFO 键编辑屏幕显示的信息，第4与第5个选项只能够按相机内置的默认参数进行显示。

一般的设置思路是，从第1项至第3项，依次显示更多的拍摄参数。

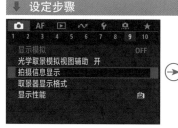

❶ 在**拍摄菜单9**中选择**拍摄信息显示**选项

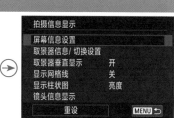

❷ 点击选择**屏幕信息设置**选项

❸ 选择要显示的屏幕序号，点击以添加勾选标志。点击 INFO 编辑屏幕 图标则可以进一步编辑

❹ 在此界面中，可以选择当前屏幕上所要显示的项目，完成后点击"确定"按钮以返回上一级界面

序号1 相机设置状态及屏幕显示效果

序号2 相机设置状态及屏幕显示效果

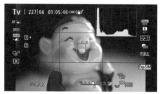

序号3 相机设置状态及屏幕显示效果

序号4 相机设置状态及屏幕显示效果

序号5 相机设置状态及屏幕显示效果

设置取景器显示格式

此菜单用于设定在取景器中图像与参数的显示格式。

选择"显示 1"选项，则图像充满画面；选择"显示 2"选项，则图像略微缩小，四周留有空白。不管选择哪种显示格式，都不会对成片造成影响。

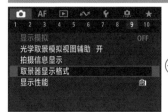

❶ 在**拍摄菜单 9** 中选择**取景器显示格式**选项

❷ 点击选择所需的选项，然后点击 SET OK 图标确定

自定义取景器中显示的信息

与液晶屏幕一样，在使用取景器拍摄时，也可以在"拍摄信息显示"的"取景器信息/切换设置"中，自定义设置取景器的信息显示模式。有 3 种模式可供选择，当选择第 2 种或第 3 种模式时，可以按 INFO 按钮进入详细编辑界面。

❶ 在**拍摄菜单 9** 中选择**拍摄信息显示**选项

❷ 点击选择**取景器信息/切换设置**选项

❸ 选择要显示的屏幕序号，点击以添加勾选标志，点击 INFO 编辑屏幕 图标可以进一步编辑

❹ 在此界面中，可以选择当前屏幕上所要显示的项目，完成后点击"确定"按钮以返回上一级界面

修改取景器显示性能

此菜单用于设定拍摄照片时，取景器中显示的优先项。选择"节电"选项，则以节约电量为原则；选择"流畅"选项，则图像显示得更为流畅，让眼睛更为舒适。

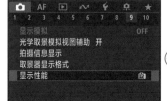

❶ 在**拍摄菜单 9** 中选择**显示性能**选项

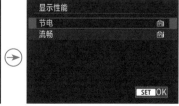

❷ 点击选择**节电**或**流畅**选项，然后点击 SET OK 图标确定

显示网格线辅助构图

　　"显示网格线"功能可以帮助摄影师进行比较精确的构图,如严格的水平线或垂直线构图等。另外,3×3 的网格结构也可以帮助摄影师进行较准确的 3 分法构图,这在拍摄时是非常实用的。

⬇ 设定步骤

❶ 在**拍摄菜单 9** 中选择**拍摄信息显示**选项

❷ 点击选择**显示网格线**选项

❸ 点击选择要显示的网格线类型

▶ 在拍摄有水平线的场景时,启用网格线,可以帮助摄影师更好地构图『焦距:18mm ┊ 光圈:F9 ┊ 快门速度:3.2s ┊ 感光度:ISO100 』

▲ 3×3 网格显示效果

显示对焦距离及焦距信息

　　如果希望在拍摄时,获得对焦点与相机的距离,以及当前焦距,可以使用并设置"对焦距离显示""焦距显示"相关选项。

⬇ 设定步骤

❶ 在**拍摄菜单 9** 中选择**拍摄信息显示**选项,然后选择**镜头信息显示**选项

❷ 选择要设置的选项

❸ 在第 2 步选择"对焦距离显示"。选择"对焦时"仅在对焦操作时显示距离,选择"全时"则始终显示距离

❹ 在第 2 步选择"焦距显示"选项。选择"启用"选项后,在屏幕中显示当前焦距

❺ 按第 3 步及第 4 步设置后,屏幕显示距离标尺及当前焦距 24mm

将取景器中的信息垂直显示

此菜单用于设置使用取景器垂直拍摄时,拍摄信息是否变为垂直显示。选择"开"选项,拍摄信息会自动旋转,以方便摄影师观看;选择"关"选项,则拍摄信息不会旋转,仍然水平显示。

▼ 设定步骤

❶ 在**拍摄信息显示**菜单中点击选择**取景器垂直显示**选项　　❷ 点击选择**开**或**关**选项　　▲ 开启"取景器垂直显示"的效果　　▲ 关闭"取景器垂直显示"的效果

显示直方图

佳能 EOS R6 Mark II 相机提供了亮度和 RGB 两种柱状图(直方图),分别表示曝光情况和色彩分布情况。通过"显示柱状图"菜单可以控制是显示亮度直方图还是显示 RGB 直方图,并能设置显示直方图的大小。

▼ 设定步骤

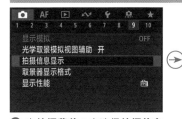  

❶ 在**拍摄菜单 9** 中选择**拍摄信息显示**选项　　❷ 点击选择**显示柱状图**选项　　❸ 在此界面中可以对显示哪种直方图及直方图显示大小进行设置

● 亮度:选择此选项,则显示亮度直方图。其中,横轴和纵轴分别代表亮度等级(左侧暗,右侧亮)和像素分布状况,两者共同反映出所拍图像的曝光量和整体色调情况。

● RGB:选择此选项,则显示 RGB 直方图。此直方图是显示图像中各三原色亮度等级分布情况的图表。横轴表示色彩的亮度等级,纵轴表示每个色彩亮度等级上的像素分布情况。左侧分布的像素越多,色彩越暗淡;右侧分布的像素越多,色彩越明亮、浓郁。如果左侧像素过多,则相应的色彩会因明度不足而导致缺少细节;如果右侧像素过多,则色彩会因过于饱和而没有细节。

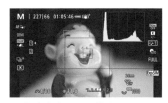

▲ 亮度直方图显示效果

● 显示大小:选择"大"选项,则显示直方图的比例大一点;选择"小"选项,则显示直方图的比例小一点。

▲ RGB 直方图显示效果

修改播放照片时显示的信息

通过"播放信息显示"菜单，用户可以设定在播放照片期间，按 INFO 按钮显示的屏幕信息。用户可以根据自己的习惯来自定义选择显示哪些拍摄信息。

高手点拨：对初学者来说，选择序号1、2、3即可。

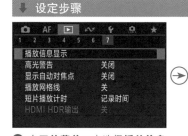

❶ 在**回放菜单 7** 中选择**播放信息显示**选项

❷ 选择要显示的屏幕序号，点击以添加勾选标志。选择完成后点击选择**确定**选项

开启显示模拟以正确曝光

"曝光模拟"菜单用于在液晶显示屏及取景器中模拟实际图像看起来的亮度（曝光）。

●启用：选择此选项，显示的图像亮度将接近最终图像的实际亮度（曝光），如果设置曝光补偿，画面的亮度会随之变化。

●仅 🔲 景深期间曝光：选择此选项，平时会以标准亮度显示以便观看，只有当按住景深预览按钮期间，会进行曝光模拟。

●关闭：选择此选项，屏幕会以标准亮度显示以便观看，即使设置曝光补偿，画面也不会有变化。

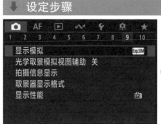

❶ 在**拍摄菜单 9** 中选择**曝光模拟**选项

❷ 点击选择所需的选项

▲ 选择"曝光＋景深"选项时，屏幕能正确显示景深及曝光效果

▲ 选择"曝光"选项时，屏幕仅能正确显示曝光，景深显示不准确

▲ 景深预览按钮

◀ 选择"仅 🔲 景深期间曝光"选项时，屏幕不能显示正确的曝光与景深，仅在按下景深预览按钮后，才可以正确显示曝光与景深

设置相机控制参数

通过重置相机解决多数问题

利用"重置相机"功能可以一次性将拍摄功能和菜单设置或其他所选项目恢复到出厂时的默认状态，免去了逐一清除的麻烦。

- 基本设置：选择此选项，可以将"拍摄""自动对焦""播放""无线""设置"菜单中的所有菜单选项恢复为默认值。
- 其他设置：用户可以选择如"拍摄信息显示""自定义拍摄模式（C1~C3）""自定义速控"等项目，对所选中的项目进行重置。

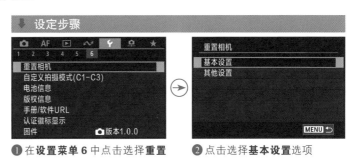

❶ 在**设置菜单 6** 中点击选择**重置相机**选项

❷ 点击选择**基本设置**选项

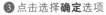

❸ 点击选择**确定**选项

❹ 选择**其他设置**选项

❺ 点击选择要重设的项目

❻ 点击选择**确定**选项

清除全部自定义功能

与"重置相机"功能不同的是，"清除全部自定义功能（ C.Fn ）"只会清零除"自定义按钮"和"自定义转盘"菜单之外的其他自定义菜单功能的设置，而拍摄菜单、回放菜单或设置等菜单里的功能设置不受影响。

❶ 在**自定义功能菜单 5** 中点击选择**清除全部自定义功能（ C.Fn ）**选项

❷ 阅读提示内容后，点击选择**确定**选项

利用多功能锁避免误操作

为了避免在拍摄时误操作主拨盘、速控转盘、多功能控制钮更改相机设置，可以在此处指定要锁定的对象，然后拨动相机顶部的 LOCK 开关，即可锁定在此菜单中选定的项目。

⬇ **设定步骤**

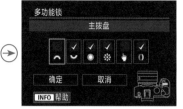 

❶ 在**设置菜单5**中选择**多功能锁**选项

❷ 点击选择所需选项的小方框，添加勾选标记，选择完成后点击选择**确定**选项

▲ 此图锁定的是速控转盘 1 ○，因而在屏幕上用速控转盘 1 ○操作的曝光补偿显示为 LOCK

开启触摸快门

佳能 EOS R6 Mark II 相机的所有曝光模式都可以触摸快门拍摄。

在"触摸快门"菜单中将其设为"启用"，当触摸快门启用时，点击屏幕上的人脸或被摄物体，相机会以所设的自动对焦方式对所点的位置进行对焦。若对焦成功，对焦点会变为绿色，然后相机自动拍摄照片；若没有对焦成功，对焦点变为橙色，需再次进行对焦操作。

⬇ **设定步骤**

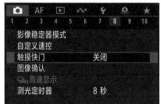 

❶ 在**拍摄菜单 8** 中选择**触摸快门**选项

❷ 点击选择**启用**选项

▶ 在拍摄微距题材时，启用"触摸快门"功能可以避免手按快门按钮时产生的抖动现象『焦距：85mm ┊光圈：F6.3 ┊快门速度：1/250s ┊感光度：ISO100』

开启触摸控制

佳能 EOS R6 Mark II 相机的屏幕支持触摸操作,用户可以触摸屏幕来进行拍摄照片、设置菜单、回放照片等操作。

在"触摸控制"菜单中,用户可以选择触摸屏幕的灵敏度,如果想让相机迅速反应,那么可以选择"灵敏"选项,反之,则可以选择"标准"选项。如果用户不习惯触摸的操作方式,则可以选择"关闭"选项,从而使用传统的按钮操作方式。

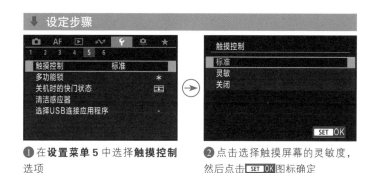

❶在**设置菜单 5** 中选择**触摸控制**选项

❷点击选择触摸屏幕的灵敏度,然后点击 SET OK 图标确定

定义 RATE 按钮功能

佳能 EOS R6 Mark II 相机提供了 RATE 按钮的自定义功能,通过"RATE 按钮功能"菜单可以将评分、保护、删除图像等功能指定给此按钮。

● 评分:选择此选项,在回放照片期间,可以按 RATE 按钮来为照片评分或清除评分。

● 保护:选择此选项,在回放照片期间,可以按 RATE 按钮保护照片。

● 删除图像:选择此选项,在回放照片期间,可以按 RATE 按钮来删除照片。

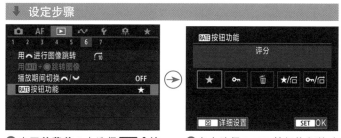

❶在**回放菜单 6** 中选择**RATE/🎤按钮功能**选项

❷点击选择 RATE 按钮执行的功能,然后点击 SET OK 图标确定

设置取景器与显示屏自动切换的方法

佳能 EOS R6 Mark II 相机可以检测到拍摄者正在通过取景器拍摄，还是正在通过屏幕拍摄，从而在取景器与屏幕之间切换。通过"屏幕/取景器显示"菜单，用户可以设置是由相机自动切换还是手动选择。

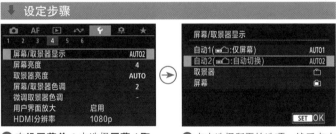

❶ 在**设置菜单 4** 中选择**屏幕 / 取景器显示**选项

❷ 点击选择所需的选项，然后点击 **SET OK** 图标确定

高手点拨： 通常情况下，建议设置为"自动"。例如，当拍摄的照片需要精确对焦时，既需要通过屏幕来仔细查看对焦情况，又想要通过取景器取景拍摄，选择自动切换显示就会很方便。

- 自动1（▣▢：仅屏幕）：选择此选项，当屏幕翻开时，始终使用屏幕进行显示；当屏幕合上并面向拍摄者时，使用屏幕进行显示；但当拍摄者看向取景器时，会自动切换至取景器显示。
- 自动2（▣▢：自动切换）：选择此选项，当摄影师向取景器中看时，会自动切换到用取景器显示画面；当不再使用取景器时，又会自动切换回用屏幕显示画面。
- 取景器：选择此选项，屏幕被关闭，照片将在取景器上显示，适合在剩余电量较少时使用。
- 屏幕：选择此选项，则关闭取景器，始终在屏幕中显示照片。

修改自定义按钮的功能

佳能 EOS R6 Mark II 相机的机身上有很多按钮，并分别被赋予了不同的功能，以便于拍摄者进行快速设置。根据个人的不同需求，还可以分别为这些按钮重新指定功能。

❶ 在**自定义功能菜单 3** 中选择**自定义按钮**选项

❷ 点击选择要重新定义的按钮

❸ 点击选择为该按钮分配的功能，然后点击 **SET OK** 图标确定

高手点拨： 这是一个非常值得深入研究的功能，索尼相机之所以被许多摄影爱好者喜爱，其中一个很重要的原因就是有丰富的自定义功能，佳能也在逐渐弥补这方面的短板。需要注意的是，在使用此功能时，用户可以分别在拍摄照片与拍摄视频两种不同的状态下，为同一个按钮定义不同的功能。

开启像差校正拍出更好的照片

利用佳能 EOS R6 Mark II 相机提供的"镜头像差校正"功能，可以自动对镜头进行周边光量校正、失真校正及数码镜头优化。

周边光量校正

当使用广角镜头或镜头的广角端拍摄，以及给镜头安装了滤镜或遮光罩时，都可能造成拍出的照片四周出现亮度比中间部分暗的情况，即所谓的暗角现象。利用佳能 EOS R6 Mark II 提供的"周边光量校正"功能，可以校正这种暗角现象。

设定步骤

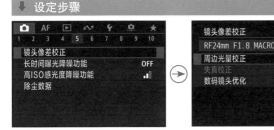 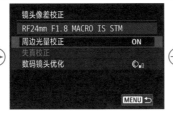 

❶ 在**拍摄菜单 5** 中选择**镜头像差校正**选项

❷ 点击选择**周边光量校正**选项

❸ 点击选择**启用**或**关闭**选项，然后点击 SET OK 图标确定

高手点拨：其实很多摄影爱好者喜欢在后期处理时为照片加上暗角，以营造出另类或梦幻的风格。若拍摄者有此喜好，则完全可以在拍摄前将"周边光量校正"设置为"关闭"，以保留这种暗角。

▲ 将"周边光量校正"设置为"关闭"后拍摄的效果

▲ 将"周边光量校正"设置为"启用"后拍摄的效果『焦距：85mm ┆光圈：F2.8 ┆快门速度：1/160s ┆感光度：ISO100』

失真校正

该选项用于减轻使用广角镜头拍摄时出现的桶形失真和使用长焦镜头拍摄时出现的枕形失真现象。

开启此功能后，取景器中可视区域的边缘在最终照片中可能被裁切掉，并且处理照片所需的时间可能增加。

❶ 在**镜头像差校正**菜单中点击选择**失真校正**选项

❷ 如用的是第三方厂商镜头或较旧款镜头，则会显示此界面，否则选择**确定**启用选项

数码镜头优化

该选项可以减轻镜头所产生的多种像差、衍射现象及因低通滤镜导致的分辨率损失。虽然在设置为"标准"或"强"选项时，不会显示"色差校正"和"衍射校正"选项，但这两个功能在拍摄时都会被"启用"。

❶ 在**镜头像差校正**菜单中点击选择**数码镜头优化**选项

❷ 点击选择**标准**、**强**或**关闭**选项，然后点击 SET OK 图标确定

『焦距：18mm ┊光圈：F10 ┊快门速度：1/2s ┊感光度：ISO100』

设置影像存储参数

根据照片的用途设置画质

设置合适的分辨率为后期处理做准备

在设置图像的画质之前，应先了解一下图像的分辨率。图像的分辨率越高，制作的照片的质量就越理想，在计算机中进行后期处理时裁剪的余地就越大，同时文件所占空间也越大。佳能 EOS R6 Mark Ⅱ相机可拍摄图像的最大分辨率为 6000×4000，拍出的照片有很大的后期处理空间。

合理利用画质设定节省存储空间

在拍摄前，用户可以根据自己对画质的要求进行设定。在存储卡空间充足的情况下，最好使用最高分辨率进行拍摄，这样可以使拍出的照片在放得很大时也很清晰。不过使用最高分辨率也存在缺点，因为使用最高分辨率拍摄时，图像文件过大，导致照片存储的速度会减慢，所以在进行高速连拍时，最好适当地降低分辨率。

Q：什么是 RAW 格式？

A：简单地说，RAW 格式就是一种数码照片文件格式，包含数码相机传感器未处理的图像数据，相机不会处理来自传感器的色彩分离的原始数据，仅将这些数据保存在存储卡上，这意味着相机将（所看到的）全部信息都保存在图像文件中。当采用 RAW 格式拍摄时，数码相机仅保存 RAW 格式图像和 EXIF 信息（相机型号、所使用的镜头，以及焦距、光圈、快门速度等）。摄影师设定的相机预设值（如对比度、饱和度、清晰度和色调等）都不会影响所记录的图像数据。

Q：使用 RAW 格式拍摄的优点有哪些？

A：使用 RAW 格式拍摄的优点如下。

● 可将相机中的许多文件处理工作转移到计算机上进行，从而可更细致地对照片进行处理，包括白平衡调节，高光区、阴影区和低光区调节，以及清晰度、饱和度控制等。

● 可以使用最原始的图像数据（直接来自传感器），而不是经过处理的信息，这毫无疑问将获得更好的效果。

● 可利用 14 位图片文件进行高位编辑，这意味着具有更多的色调，可以使最终的照片获得更平滑的梯度和色调过渡。在 14 位模式下进行操作时，可使用的数据更多。

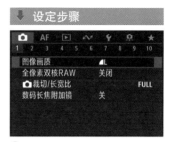

❶ 在**拍摄菜单 1** 中选择**图像画质**选项

❷ 点击选择 RAW 格式或 JPEG 格式，然后点击 SET OK 图标确定

▲ 当启用了 **HDR PQ** 功能时，可以在此设置 HEIF 格式

用 HDR PQ 功能拍摄 HEIF 照片

HDR PQ 中的 PQ 代表用于显示 HDR 图像输入信号的伽马曲线。在"HDR PQ 设置"菜单中启用此功能，可以让相机生成符合以 ITU-R BT.2100 和 SMPTE ST.2084 定义的 PQ 规格的 HDR 图像。

启用 HDR PQ 功能后，用户可以在"图像画质"菜单中指定照片记录为 HEIF 或 RAW 格式。

什么是 HEIF 格式

HEIF 格式是高效率图像文件格式（High Efficiency Image File Format）的英文缩写，它不仅可以存储静态照片和 EXIF 信息元数据等，还可以存储动画、图像序列甚至视频、音频等，而

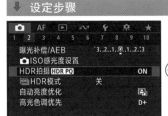
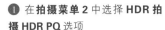

❶ 在**拍摄菜单 2** 中选择 **HDR 拍摄 HDR PQ** 选项

❷ 点击选择**启用**选项，然后点击 SET OK 图标确定

HEIF 的静态照片格式特指以 HEVC 编码器进行压缩的图像数据和文件。

HEIF 格式的图像具有以下几个优点。

● 以超高比压缩文件的同时具有高画质。在文件大小相同的情况下，HEIF 静态照片可以保留的信息是 JPEG 的两倍，或者说画质相同时 HEIF 的容量只有不到 JPEG 的一半。

● 具有更优质的画质。HEIF 图像和视频一样，支持高达 10 位色深保存，而且和 HDR 图像、广色域等新技术的应用能更好地无缝配合，可以把高动态显示、景深、色深等信息封装至同一个文件中，记录和显示更明亮、更鲜艳生动的照片和视频。

● 内容灵活。由于 HEIF 是一种封装格式，因此能保存的信息要远远比 JPEG 丰富，除了缩略图、EXIF、元数据等信息，还可以保存并显示各种各样的数据信息。

转换 HEIF 图像

对于 HEIF 图像，无法直接使用 Windows 系统预览，因此，可以使用佳能 EOS R6 Mark II 中的"HEIF → JPEG 转换"菜单将其转换成为 JPEG 格式进行预览。

❶ 在**回放菜单 4** 中点击选择 **HEIF→JPEG 转换**选项

❷ 左右滑动点击选择要转换的图像，然后点击 SET ✓ 图标

❸ 点击选择**确定**按钮另存为新文件

全像素双核 RAW 功能

当启用"全像素双核 RAW"功能后,相机可以同时将正常影像和有视差影像的双像素数据,以及被摄体的纵深信息记录到一个 RAW 文件中。因为记录的信息更为丰富,所以与普通的 RAW 文件相比,文件大小是普通 RAW 文件的两倍。

与普通的 RAW 文件相比,全像素双核 RAW 的可调整性更高,用户结合佳能 Digital Photo Professional(简称 DPP)软件中的全像素 RAW 优化功能,可以很轻松地对画面进行解像感补偿、虚化偏移、减轻鬼影等三大方面的精细处理。

● 解像感补偿:通俗地讲,解像感补偿就是图像微调。由于全像素双核 RAW 文件中记录了照片的深度信息,那么只要在软件中进行微调,便可以进一步提高照片的焦点清晰度,从而得到高锐度的照片。这对人像、鸟类、微距等对锐度要求较高的题材来说,有一定实用性。

● 虚化偏移:由于全像素双核 RAW 文件中会记录到不同视点位置和纵深信息,通过在 DPP 软件中重新设定视点,便可以水平移动散景位置。这个功能主要运用在使用大光圈虚化前景的人像照片或微距照片中。如果摄影师觉得虚化的前景影响到了主体表现,那么就可以使用此功能来适当水平移动前景的位置,但要注意移动的程度有限,不能期望过高。

● 减轻鬼影:在逆光拍摄时,画面中经常会出现鬼影和眩光,如果使用的是佳能 EOS R6 Mark II 的全像素双核 RAW 格式记录,然后在 DPP 软件中进行后期处理,便能有效地减少画面中的鬼影及眩光现象。

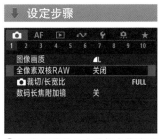

❶ 在**拍摄菜单 1** 中选择**全像素双核 RAW** 选项

❷ 点击选择**启用**或**关闭**选项,然后点击 SET OK 图标确定

处理前

处理后

▲ 通过对比右侧处理前与处理后的放大图可以看出,在对全像素双核 RAW 格式的照片进行解像感补偿处理后,照片的清晰度得到了提高『焦距:50mm ┆光圈:F2.2 ┆快门速度:1/320s ┆感光度:ISO200』

修改照片照明与景深

使用"全像素双核RAW"功能拍摄的照片，可以利用相机内的"DPRAW处理"菜单进行RAW图像处理。在此菜单中，除了包含"RAW图像处理"菜单的所有调整选项，还可以对照片进行"人像重新照明"和"背景清晰度"两个方面的校正。

人像重新照明

此功能适用于人像照片，通过对照片添加亮度来改善侧光或逆光下人物的阴影区域。与"自动亮度优化功能"的工作方式不同，"人像重新照明"功能需摄影师手动调整亮度，对人物面部、身体及其他区域均可以进行校正。

在详细调整界面，画面左上方会显示一黑一白两个小点。其中，黑点表示选中面部位置，白点表示光源的方向，用户可以拖曳调整光源的照明方向。当白点与黑点重合时，则光源置于面部的正前方。点击屏幕上的Q图标，可以在弱、标准、强3个强度级别中调整光源的照明强度；点击屏幕上的Q图标，可以设定光源照明的覆盖范围，可以根据照片的补光需要选择投射光、中范围光和广范围光的补光范围。

设定步骤

❶ 在**回放菜单3**中选择**DPRAW处理**选项

❷ 点击选择**人像重新照明**选项

❸ 左右滑动选择要编辑的照片，然后点击 SET 图标

❹ 点击图标，进入人像重新照明详情编辑界面

❺ 点击选择要修饰的面部，调整光源方向、补光强度及光源覆盖范围

❻ 光源方向为顺光时的效果

❼ 对脸部阴影区域补光的效果

❽ 增强补光强度及光源覆盖范围的效果。调整满意后点击 SET OK 图标确定

❾ 设定完成后，点击图标另存修改后的照片，在此界面中点击**确定**选项

背景清晰度

此选项用于调整人物或风景照片中背景的模糊程度,用户可以在 0 ~ 4 个等级内调整清晰度。在 RAW 图像处理中调整清晰度时,可以在 −4 至 +4 等级范围内设定图像边缘反差。

设定步骤

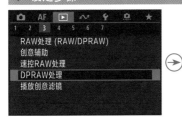  

❶ 在**回放菜单 3** 中选择 **DPRAW 处理**选项

❷ 点击选择**背景清晰度**选项

❸ 左右滑动选择要编辑的照片,然后点击 SET 图标

❹ 点击 图标,进入背景清晰度编辑界面

❺ 点击◀或▶图标选择清晰度等级

❻ 设定完成后,点击 图标另存修改后的照片,在此界面中点击确定选项

▲ 调整背景为虚化效果,使画面主体表现更突出『左图 焦距:50mm ┊光圈:F3.2 ┊快门速度:1/640s ┊感光度:ISO100;右图 焦距:50mm ┊光圈:F3.5 ┊快门速度:1/800s ┊感光度:ISO100』

设置静止图像裁切/长宽比

使用此菜单可以改变照片的长宽比，选择 1.6 倍（裁切）选项，相机可以放大图像的中央区域约 1.6 倍（与 APS-C 尺寸一样），实现如同使用镜头拉近取景的拍摄效果。如果希望拍摄出适合在宽屏计算机显示器或高清电视上查看的照片，可以将长宽比设置为 16∶9。使用 4∶3 的长宽比拍摄出来的画面适用于在普通计算机上观看。使用 1∶1 的长宽比拍摄出来的画面是正方形的，当需要使用方画幅来表现主体或拍摄用于网络头像的照片时适合使用。

⬇ 设定步骤

  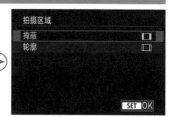

❶ 在**拍摄菜单 1** 中选择 **裁切/长宽比**选项

❷ 点击选择需要的比例选项，若点击了 INFO ■■拍摄区域 图标，则可以选择拍摄区域

❸ 点击选择**掩蔽**或**轮廓**选项，然后点击 SET OK 图标确定

在拍摄区域设置界面，可以设定当长宽比为 1∶1、4∶3 或 16∶9 时，是以黑色掩盖图像，还是以轮廓线标示取景范围。

▲ 选择"轮廓"选项时屏幕显示辅助线条，以标记长宽比界定区域

▲ 选择"遮蔽"选项时屏幕屏蔽区域

选择用于记录和回放的存储卡

当在佳能 EOS R6 Mark II 相机上插入两张存储卡时，可以通过"记录功能 + 存储卡/文件夹选择"菜单，设定记录方式、指定记录的存储卡或重新创建一个文件夹来保存拍摄的照片。

⬇ 设定步骤

❶ 在**设置菜单 1** 中选择**记录功能+ 存储卡/文件夹选择**选项

❷ 点击选择要修改的选项

❸ 若在步骤❷中选择了 **分别记录**选项，在此可以选择**关闭**或**启用**选项

❹ 若在步骤❷中选择了**记录选项**选项，在此选择所需的方式

❺ 若在步骤❷中选择了**记录选项**选项，在此选择所需的方式

❻ 若在步骤❷中选择了**记录/播放**选项，在此可以选择记录和播放照片的存储卡

● **分别记录**：选择"启用"选项，相机将自动处理视频和照片的存储位置，视频会被存储至存储卡1中，照片会被存储至存储卡2中。

● **记录选项**：选择照片的记录与保存方式。选择"标准"选项，即可将照片保存在由"记录/播放"选项指定的

❼ 若在步骤❷中选择了**记录/播放**选项，在此可以选择记录和播放视频的存储卡

❽ 若在步骤❷中选择了**文件夹**选项，在此可以选择一个文件夹或创建新文件夹

存储卡中；选择"自动切换存储卡"选项，其功能与选择"标准"选项时基本相同，但当指定的存储卡已满时，会自动切换至另外一张存储卡进行保存；选择"分别记录"选项，可以在"图像画质"中为每张存储卡中保存的照片设置画质；选择"记录到多个媒体"选项，可将照片同时记录到两张存储卡中。

● **记录选项**：选择视频的记录与保存方式。前两个选项与照片选项相同，当选择"①RAW、②MP4"选项时，录制视频时会将 RAW 格式的视频记录至存储卡 1，将 MP4 格式的视频记录至存储卡 2。

● **记录/播放**：选择记录和播放照片的存储卡。当将"记录选项"设置为"标准"或"自动切换存储卡"选项时，在此选择用于记录和回放照片的存储卡。当将"记录选项"设置为"分别记录"或"记录到多个媒体"选项时，在此选择用于回放的存储卡。

● **记录/播放**：选择记录和播放视频的存储卡，其他与"记录/播放"一样。当将"记录选项"设置为"①RAW、②MP4"选项时，在此选择用于回放的存储卡。

● **文件夹**：可以选择一个已有的文件夹或创建一个新的文件夹保存照片。

格式化存储卡

"格式化存储卡"功能用于删除存储卡内的全部数据。一般在新购买存储卡后，应事先对其进行格式化。选择"确定"选项，界面中将显示"格式化存储卡 全部数据将丢失！"的提示。此操作会删除被保护的照片。

▼ **设定步骤**

❶ 在**设置菜单 1** 中选择**格式化存储卡**选项

❷ 选择要格式化的存储卡选项，然后在确认界面选择**确定**选项

设置照片拍摄风格

使用照片风格功能

根据不同的拍摄题材，可以选择相应的照片风格，佳能 EOS R6 Mark II 相机包含自动、标准、人像、风光、精致细节、中性、可靠设置及单色照片风格等。

● 自动：当使用此风格拍摄时，色调将自动调节为适合拍摄场景的，尤其是拍摄蓝天、绿色植物及自然界中的日出与日落场景时，色彩会显得更加生动。

● 标准：此风格是最常用的照片风格，使用该风格拍摄的照片画面清晰、色彩鲜艳、明快。

● 人像：当使用此风格拍摄人像时，人的皮肤会显得更加柔和、细腻。

● 风光：此风格适合拍摄风光照片，对画面中的蓝色和绿色有非常好的展现。

● 精致细节：此风格会将被摄体的详细轮廓和细腻纹理表现出来，颜色会略微鲜明。

● 中性：此风格适合偏爱使用计算机处理图像的用户，使用该风格拍摄的照片色彩较为柔和、自然。

● 可靠设置：此风格也适合偏爱使用计算机处理图像的用户，当在 5200K 色温下拍摄时，相机会根据主体的颜色调节色彩饱和度。

● 单色：使用此风格可拍摄黑白或单色的照片。

▼ 设定步骤

❶ 在**拍摄菜单 4** 中选择**照片风格**选项

❷ 点击选择不同的选项，然后点击 SET OK 图标确定

▲ 标准风格

▲ 人像风格

▲ 风光风格

▲ 中性风格

▲ 可靠设置风格

▲ 单色风格

高手点拨：在拍摄时，如果拍摄题材经常有较大的变化，建议使用"标准"风格。比如，在拍摄人像题材后再拍摄风光题材，就不会出现风光照片不够锐利的问题，属于比较中庸和保险的选择。

修改预设的照片风格参数

在前面讲解的预设照片风格中，用户可以根据需要修改其中的参数，以满足个性化的需求。选择某一种照片风格后，按下机身上的 INFO 按钮，即可进入其详细设置界面。

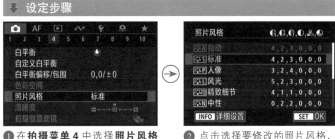

设定步骤

❶ 在**拍摄菜单 4** 中选择**照片风格**选项

❷ 点击选择要修改的照片风格，然后点击 照片风格 图标

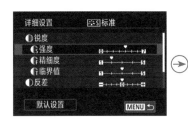

❸ 点击选择要编辑的参数选项，此处以选择**强度**选项为例

❹ 进入参数的编辑状态，点击 ◀ 或 ▶ 图标选择所需的数值，然后点击 SET OK 图标确认

❺ 可依次修改其他选项，设置完成后点击 SET OK 图标保存已修改的参数即可

● 锐度：控制图像的锐度。选择"强度"选项，向 0 端靠近表示降低锐化的强度，图像变得越来越模糊；向 7 端靠近表示提高锐度，图像变得越来越清晰。选择"精细度"选项，可以设定强调轮廓的精细度，数值越小，要强调的轮廓越精细。选择"临界值"选项，根据被摄体和周围区域之间反差的差异设定强调轮廓的程度，数值越小，反差较低越强调轮廓，但是当数值较小时，使用高 ISO 感光度拍摄的画面的噪点会比较明显。

▲ 设置锐化强度前（0）后（+4）的效果对比

Q: 为什么要使用照片风格功能？

A: 在记录图像之前，数码相机会在图像感应器的信号输出中对图像的色调、亮度及轮廓进行修正处理。使用照片风格功能，可以在拍摄前设置所需修正的照片风格。如果在拍摄照片前已经根据需要设置了合适的照片风格（例如，"人像"照片风格适合拍摄人物，"风光"照片风格适合拍摄天空和深绿色的树木等），无须在拍摄后使用后期处理软件编辑图像。

●反差：控制图像的反差及色彩的鲜艳程度。向"—"端靠近表示降低反差，图像变得越来越柔和；向"+"端靠近表示提高反差，图像变得越来越明快。所以，在有雾气的场景下拍摄时，如果希望突出主体，可以提高反差值。

▲ 设置反差前（0）后（+3）的效果对比

●饱和度：控制色彩的鲜艳程度。向"—"端靠近表示降低饱和度，色彩变得越来越淡；向"+"端靠近表示提高饱和度，色彩变得越来越艳。

▲ 设置饱和度前（0）后（+3）的效果对比

●色调：控制画面色调的偏向。向"—"端靠近表示越偏向于红色调；向"+"端靠近表示越偏向于黄色调。

▲ 向左增加红色调与向右增加黄色调的效果对比

直接拍出单色照片

在"单色"风格下可以选择不同的滤镜效果及色调效果,从而拍出更有特色的黑白或单色照片。

在"滤镜效果"选项中,可选择无、黄、橙、红和绿等色彩,从而在拍摄过程中针对这些色彩进行过滤,得到更亮的灰色甚至白色。

- N 无:没有滤镜效果的原始黑白画面。
- Ye 黄:可使蓝天更自然、白云更清晰。
- Or 橙:压暗蓝天,使夕阳的效果更强烈。
- R 红:使蓝天更暗、落叶的颜色更鲜亮。
- G 绿:可将肤色和嘴唇的颜色表现得很好,使树叶的颜色更加鲜亮。

选择"色调效果"选项,可以具体选择无、褐、蓝、紫、绿等单色调效果。

- N 无:没有偏色效果的原始黑白画面。
- S 褐:画面呈褐色,有种怀旧的感觉。
- B 蓝:画面呈偏冷的蓝色。
- P 紫:画面呈淡淡的紫色。
- G 绿:画面呈现偏绿色。

↓ 设定步骤

① 在**拍摄菜单 4** 中选择**照片风格**选项,然后选择**单色**照片风格选项

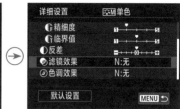

② 点击 **INFO.详细设置** 图标进入此界面,然后点击选择**滤镜效果**选项

③ 点击选择需要过滤的色彩

④ 选择**色调效果**选项,点击选择需要增加的色调效果

▲ 选择"单色"照片风格时拍摄的单色照片效果

▲ 设置"滤镜效果"为"绿"时拍摄的单色照片效果

▲ 设置"色调效果"为"褐"时拍摄的单色照片效果

▲ 设置"色调效果"为"蓝"时拍摄的单色照片效果

注册照片风格

　　自定义照片风格即摄影师可以在某一个预设风格的基础上，对具体参数进行编辑，并以此形成一种新的个人自定义风格，在使用时只需直接选择此自定义风格，即可调出相关参数。

❶ 选择"用户定义 1"到"用户定义 3"中的任意一个选项。

❷ 按下 INFO 按钮或点击 **INFO.详细设置** 图标，进入详细设置界面。

❸ 在"照片风格"菜单中选择以哪个预设照片风格为基础进行自定义。

❹ 分别调整"锐度""反差""饱和度""色调"参数，然后按下 MENU 按钮注册新的照片风格即可。

⬇ 设定步骤

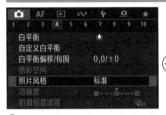 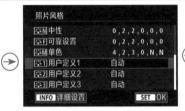 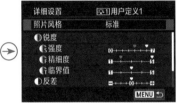

❶ 在**拍摄菜单 4** 中选择**照片风格**选项

❷ 点击选择**用户定义 1～用户定义 3** 中的任意一个选项，然后点击 **INFO.详细设置** 图标

❸ 点击选择**照片风格**选项，进入风格选择界面

 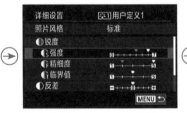 

❹ 点击选择一种照片风格，以此为基础自定义照片风格，然后点击 **SET OK** 图标确认

❺ 在此界面中，点击选择要自定义修改的参数

❻ 点击 ◀ 或 ▶ 图标修改选定的参数，然后点击 **SET OK** 图标确认对该参数的修改

◀ 注册自定义照片风格后，在拍摄时就不需要再做参数调整了，直接选择该自定义照片风格即可『焦距：35mm ┊ 光圈：F2.8 ┊ 快门速度：1/160s ┊ 感光度：ISO640 』

随拍随赏——拍摄后查看照片

回放照片的基本操作

在回放照片时，可以进行放大、缩小、显示信息、前翻、后翻及删除照片等多种操作。下面通过图示来说明回放照片的基本操作方法。

 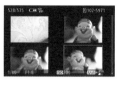 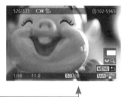 

逆时针旋转速控转盘 2 🗘 可缩小照片，直至显示为小的缩略图（也可以用张开的两根手指触摸屏幕，然后在屏幕上将手指合拢，以触摸的方式缩小播放照片）

顺时针旋转速控转盘 2 🗘 可以放大照片（也可以用合拢的两根手指触摸屏幕，然后在屏幕上将手指张开，以触摸的方式放大显示照片）

使用多功能控制钮查看放大的照片局部（也可以直接用手指触摸屏幕，滑动图像查看局部）

连续按 INFO 按钮，可以循环显示拍摄信息。在详细信息界面中，按多功能控制钮的上下方向，可切换显示信息

按 ▶ 按钮，可开始浏览照片

按 🗑 按钮，可删除当前浏览的照片

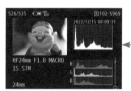

Q：出现"无法回放图像"消息提示时怎么办？

A：当在相机中回放图像时，如果出现"无法回放图像"的消息提示，可能有以下几方面原因。

● 存储卡中的图像已导入计算机并进行了编辑处理，然后又写回了存储卡。

● 正在尝试回放非佳能相机拍摄的图像。

● 存储卡出现故障。

保护图像

对于一些特别重要的照片，可以用"保护图像"功能将其保护起来，以避免由于误操作而将其删除。

高手点拨：为了保护重要的照片，最好在拍摄后立即进行图片保护，以免误删除。

设定步骤

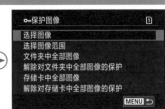

❶ 在**回放菜单 1** 中选择**保护图像**选项

❷ 点击选择**选择图像**选项

❸ 左右滑动屏幕选择要保护的图像

❹ 点击 SET 图标即可保护所选图像

旋转静止图像

当需要旋转照片时，可以使用"旋转静止图像"功能对照片进行 90°、270° 旋转。

设定步骤

❶ 在**回放菜单 1** 中选择**旋转静止图像**选项

❷ 左右滑动选择要旋转的照片

❸ 连续点击 SET 图标将顺时针、逆时针旋转 90°，最后恢复原始状态

高手点拨：如果在"设置菜单 1"中选择了"自动旋转"选项，就无须对竖拍照片进行手动旋转了。

▶ 风光摄影作品欣赏『焦距：135mm ┊光圈：F13 ┊快门速度：1/160s ┊感光度：ISO640』

利用高光警告避免照片过曝

选择"高光警告"菜单中的"启用"选项，可以帮助用户发现所拍摄照片中曝光过度的区域，这些区域会在播放照片时，以黑白交替闪烁的形式显示。在这种情况下，如果想要表现曝光过度区域的细节，就需要适当减少曝光。

↓ 设定步骤

❶ 在**回放菜单7**中选择**高光警告**选项

❷ 点击选择**启用**选项

❸ 在回放照片时，会以黑色的闪烁色块显示出曝光过度的高光区域

显示自动对焦点

在"显示自动对焦点"菜单中选择"启用"选项，则回放照片时对焦点将以红色小方框显示，这时如果发现焦点不准确可以重新拍摄。

↓ 设定步骤

❶ 在**回放菜单7**中选择**显示自动对焦点**选项

❷ 点击选择是否在回放照片时显示对焦点

▶ 街拍摄影作品欣赏『焦距：35mm ┊ 光圈：F8 ┊ 快门速度：1/320s ┊ 感光度：ISO400 』

显示播放状态的网格线

佳能 EOS R6 Mark II 相机提供了"播放网格线"功能，以便在回放照片时检查照片的构图。根据不同的情况，可以选择 3 种不同的网格线。

●关：选择此选项，在回放照片时将不显示网格线。

●3×3 井：选择此选项，将显示 3×3 的网格线。

●6×4 ：选择此选项，将显示 6×4 的网格线。

●3×3+ 对角 ：选择此选项，在显示 3×3 的网格线时，还会显示两条对角网格线。

⬇ 设定步骤

① 在**回放菜单7**中选择**播放网格线**选项

② 点击选择不同的网格线类型

③ 启用"播放网格线"功能后，可以在回放照片时显示网格线，以便于校正构图

利用快速跳转寻找照片

通常情况下，可以使用速控转盘1来跳转照片，但只支持每次跳转一个文件（照片、视频等）。如果想按照其他方式进行跳转，则可以使用主拨盘 并进行相关功能的设置，如每次跳转10张或100张照片，或者按照日期、文件夹来显示图像。

●：选择此选项并转动主拨盘，逐个显示图像。

●：选择此选项并转动主拨盘，跳转10张图像。

●：选择此选项并转动主拨盘，将跳转指定张数的图像。

●：选择此选项并转动主拨盘，将按日期显示图像。

●：选择此选项并转动主拨盘，将按文件夹显示图像。

●：选择此选项并转动主拨盘，将只显示短片。

●：选择此选项并转动主拨盘，将只显示静止的图像。

●：选择此选项并转动主拨盘，将只显示受保护的图像。

●：选择此选项并转动主拨盘，将按图像评分显示图像。

⬇ 设定步骤

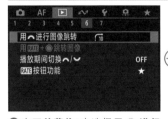  

① 在**回放菜单6**中选择**用 进行图像跳转**选项

② 点击选择转动主拨盘 时的图像跳转方式，然后点击 图标确认

③ 若选择评分项，即按照照片的星级进行跳转，可以点击 或 选择每次跳转的照片星级

处理 RAW 图像

在佳能 EOS R6 Mark II 相机中，可以用相机处理 RAW 和 CRAW 照片的亮度、白平衡、照片风格、图像画质等设置，并存储为 JPEG 或 HEIF 格式。

设定步骤

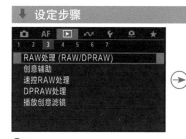

❶ 在**回放菜单 3** 中选择 **RAW 处理**（**RAW/DPRAW**）选项

❷ 在此界面中可以点击选择一张图像还是多张图像进行编辑

❸ 如果在步骤❷中选择了**选择图像**选项，将出现照片选择画面，此时可以左右滑动选择要编辑的照片

❹ 点击 **SET ✓** 图标以选择要编辑的照片，然后点击 **OK** 图标确认

❺ 点击选择处理的存储方式。此处以选择**设置处理→JPEG** 选项为例

❻ 点击要修改的选项进入其设置界面

❼ 在设置界面中，点击选择所需的选项。当选择色温或照片风格时，还可以点击 INFO 图标进入详细设置界面

❽ 以照片风格详细设置界面为例，在此界面中可以对锐度、反差、饱和度及色调进行修改

❾ 修改完成后，点击选择 图标

❿ 点击选择**确定**选项即可保存修改过的文件

高手点拨：在启用"HDR PQ设置"功能的情况下拍摄的图像会被存储为HEIF图像；在关闭此功能的情况下拍摄的图像会被存储为JPEG图像。

第 3 章
必须掌握的曝光、对焦
操作方法及菜单选项

调整光圈控制曝光与景深

光圈的结构

光圈是相机镜头内部的一个组件,它由许多金属薄片组成,金属薄片不是固定的,通过改变它的开启程度可以控制进入镜头光线的多少。光圈开启得越大,通光量就越多;光圈开启得越小,通光量就越少。摄影师可以仔细观察镜头在选择不同光圈时叶片大小的变化。

高手点拨: 虽然光圈数值是在相机上设置的,但其可调节的范围却是由镜头决定的,即镜头支持的最大及最小光圈,就是在相机上可以设置的上限和下限。镜头可支持的光圈越大,则在同一时间内就可以吸收更多的光线,从而允许摄影师在更暗的环境中进行拍摄。光圈越大的镜头,其价格也越贵。

▲ 从镜头的底部可以看到镜头内部的光圈金属薄片

▲ 光圈是控制相机通光量的装置,光圈越大(F2.8),通光量越多;光圈越小(F22),通光量越少。

▲ 佳能 RF 50mm F1.2 L USM

▲ 佳能 RF 28-70mm F2 L USM

▲ 佳能 RF 24-105mm F4-7.1 IS STM

在上面展示的 3 款镜头中,佳能 RF 50mm F1.2 L USM 是定焦镜头,其最大光圈为 F1.2;佳能 RF 28-70mm F2 L USM 为恒定光圈的变焦镜头,无论使用哪一个焦段进行拍摄,其最大光圈都能够达到 F2;佳能 RF 24-105mm F4-7.1 IS STM 是浮动光圈的变焦镜头,当使用镜头的广角端(24mm)拍摄时,最大光圈可以达到 F4,使用镜头的长焦端(105mm)拍摄时,最大光圈只能够达到 F7.1。

同样,上述 3 款镜头也均有最小光圈值。例如,佳能 RF 28-70mm F2 L USM 的最小光圈为 F22,佳能 RF 24-105mm F4-7.1 IS STM 的最小光圈同样有一个浮动范围(F22 ~ F40)。

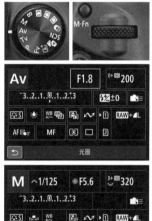

▶ 设定方法

旋转模式拨盘选择 Av 挡光圈优先或 M 挡全手动曝光模式。在使用 Av 挡光圈优先曝光模式拍摄时,通过转动主拨盘来调整光圈;在使用 M 挡全手动曝光模式拍摄时,则通过转动速控转盘来调整光圈

光圈值的表现形式

光圈值用字母 F 或 f 表示，如 F8（或 f/8）。常见的光圈值有 F1.4、F2.8、F4、F5.6、F11、F16、F22、F32、F36 等，光圈每递进一挡，光圈口径就会缩小一部分，通光量也随之减半。例如，F5.6 光圈的进光量是 F8 的两倍。常见的光圈数值还有 F1.2、F2.2、F2.5、F6.3 等，但这些数值不包含在光圈正级数之内，这是因为各镜头厂商都在每级光圈之间插入了 1/2（如 F1.2、F1.8 等）和 1/3（如 F1.1、F1.2、F1.6 等）变化的副级数光圈，以便更加精确地控制曝光程度，使画面的曝光更加准确。

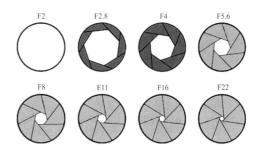

▲ 不同光圈值下镜头通光口径的变化

▲ 光圈级数刻度示意图，上排为光圈正级数，下排为光圈副级数

光圈对成像质量的影响

通常情况下，摄影师都会选择比镜头最大光圈小一至两挡的中等光圈，因为大多数镜头在中等光圈下的成像质量最佳，照片的色彩和层次都能有更好的表现。例如，一只最大光圈为 F2.8 的镜头，其最佳成像光圈为 F5.6 ～ F8。另外，也不能使用过小的光圈，因为过小的光圈会使光线在镜头中产生衍射效应，导致画面质量下降。

Q：什么是衍射效应？

A：衍射是指当光线穿过镜头光圈时，光在传播的过程中发生弯曲的现象。光线通过的孔隙越小，光的波长越长，这种现象就越明显。因此，在拍摄时光圈收得越小，在被记录的光线中衍射光所占的比例就越大，画面的细节损失就越多，画面越不清楚。衍射效应对 APS-C 画幅数码相机和全画幅数码相机的影响程度稍有不同，通常 APS-C 画幅数码相机在光圈缩小到 F11 时，就能发现衍射效应对画质产生了影响；而全画幅数码相机在光圈缩小到 F16 时，才能够看到衍射效应对画质产生了影响。

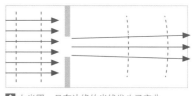

▲ 大光圈：只有边缘的光线发生了弯曲

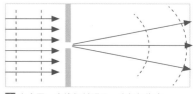

▲ 小光圈：光线衍射明显，降低解像度

光圈对曝光的影响

如前所述，在其他参数不变的情况下，光圈增大一挡，则曝光量增加一倍。例如，光圈从 F4 增大至 F2.8，即可增加一倍的曝光量；反之，光圈减小一挡，则曝光量也随之减少一半。换言之，光圈开得越大，通光量就越多，所拍摄出来的照片也越明亮；光圈开得越小，通光量就越少，所拍摄出来的照片也越暗淡。

下面是一组在焦距为 35mm、快门速度为 1/20s、感光度为 ISO200 的特定参数下，只改变光圈值所拍摄的照片。

▲ 光圈：F10

▲ 光圈：F7.1

▲ 光圈：F5.6

▲ 光圈：F2.8

通过这组照片的对比可以看出，在其他曝光参数不变的情况下，随着光圈逐渐变大，进入镜头的光线不断增多，因此拍摄出来的画面也逐渐变亮。

景深

简单来说，景深即对焦位置前后的清晰范围。清晰范围越大，表示景深越大；反之，清晰范围越小，表示景深越小，画面的虚化效果就越好。

景深的大小与光圈、焦距及拍摄距离这 3 个要素密切相关。

当拍摄者与被摄对象之间的距离非常近，或者使用长焦距或大光圈拍摄时，都能得到对比强烈的背景虚化效果；反之，当拍摄者与被摄对象之间的距离较远，或者使用小光圈或较短焦距拍摄时，画面的虚化效果就会较差。

另外，被摄对象与背景之间的距离也是影响背景虚化的重要因素，当被摄对象距离背景较近时，即使使用 F1.8 的大光圈也不能得到很好的背景虚化效果；但当被摄对象距离背景较远时，即使使用 F8 的小光圈，也能获得较明显的虚化效果。

▲ 这张图前景和背景都非常清晰，是大景深效果『焦距：17mm ┊光圈：F14 ┊快门速度：1/40s ┊感光度：ISO200 』

▲ 这张图人物清晰而背景虚化，是小景深效果『焦距：85mm ┊光圈：F2.5 ┊快门速度：1/250s ┊感光度：ISO100 』

Q：什么是景深？

A：景深是指照片中某个景物清晰的范围。即当摄影师将镜头对焦于某个点并拍摄后，在照片中与该点处于同一平面的景物都是清晰的，而位于该点前方和后方的景物则由于没有对焦，因此都是模糊的。但由于人眼不能精确地辨别焦点前方和后方出现的轻微模糊，因此这部分图像看上去仍然是清晰的，这种清晰会一直在照片中向前、向后延伸，直至景物看上去变得模糊到不可接受，而这个可接受的清晰范围，就是景深。

Q：什么是焦平面？

A：如前所述，当摄影师将镜头对焦于某个点拍摄时，在照片中与该点处于同一平面的景物都是清晰的，而位于该点前方和后方的景物则都是模糊的，这个清晰的平面就是成像焦平面。如果摄影师的相机位置不变，当被摄对象在可视区域内向焦平面做水平运动时，成像始终是清晰的；但如果其向前或向后移动，则由于脱离了成像焦平面，因此会出现一定程度的模糊，景物模糊的程度与其距焦平面的距离成正比。

▲ 对焦点在中间的财神爷玩偶上，但由于另外两个玩偶与其在同一个焦平面上，因此 3 个玩偶都是清晰的

▲ 对焦点仍然在中间的财神爷玩偶上，但由于另外两个玩偶与其不在同一个焦平面上，因此另外两个玩偶是模糊的

光圈对景深的影响

　　光圈是控制景深（背景虚化程度）的重要因素。即在相机焦距不变的情况下，光圈越大，景深越小；反之，光圈越小，景深越大。如果在拍摄时想通过控制景深来使自己的作品更有艺术效果，就要学会合理使用大光圈和小光圈。

　　在包括佳能 EOS R6 Mark Ⅱ 在内的所有数码微单相机中，都有光圈优先曝光模式，配合上面的理论，通过调整光圈数值的大小，即可拍摄出不同的对象或表现不同的主题。

　　例如，大光圈主要用于人像摄影、微距摄影，通过虚化背景来突出主体；小光圈主要用于风景摄影、建筑摄影、纪实摄影等，以便画面中的所有景物都能清晰呈现。

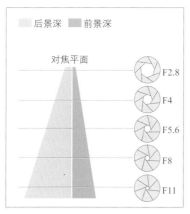

▲ 从示例图中可以看出，光圈越大，前、后景深越小；光圈越小，前、后景深越大，其中，后景深又是前景深的两倍

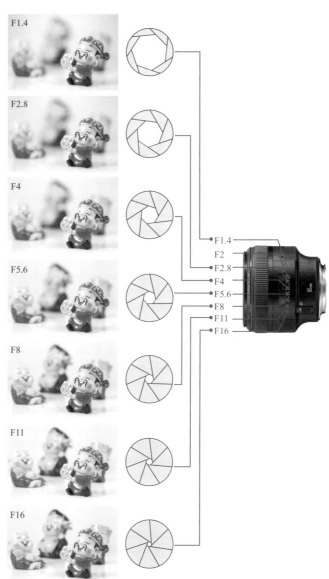

▲ 从示例图中可以看出，当光圈从 F1.4 逐渐缩小到 F16 时，画面的景深逐渐变大，画面背景处的玩偶就越清晰

焦距对景深的影响

在其他条件不变的情况下，拍摄时使用的焦距越长，画面的景深越小，可以得到更强烈的虚化效果；反之，焦距越短，则画面的景深越大，越容易呈现前后都清晰的画面效果。

▲ 通过使用从广角到长焦的焦距拍摄的花卉照片对比可以看出，焦距越长，画面的景深越小，主体越清晰

高手点拨：焦距越短，视角越广，其透视变形也越严重，而且越靠近画面边缘，变形就越严重，因此在构图时要特别注意这一点。尤其是在拍摄人像时，要尽可能地将肢体置于画面的中间位置，特别是人物的面部，以免发生变形而影响美观。另外，对于定焦镜头，只能通过前后移动来改变相对的"焦距"，即画面的取景范围，拍摄者越靠近被摄对象，相当于使用了更长的焦距，此时同样可以得到更小的景深。

拍摄距离对景深的影响

在其他条件不变的情况下，拍摄者与被摄对象之间的距离越近，越容易得到小景深的虚化效果；反之，如果拍摄者与被摄对象之间的距离较远，则不容易得到虚化效果。

这一点在使用微距镜头拍摄时体现得更为明显，当镜头离被摄体很近时，画面中的清晰范围就变得非常小。因此，在人像摄影中，为了获得较小的景深，经常采取靠近被摄者拍摄的方法。

下面为一组在所有拍摄参数都不变的情况下，只改变镜头与被摄对象之间的距离时拍摄得到的照片。

通过左侧展示的一组照片可以看出，当镜头距离前景位置的玩偶越远时，其背景的模糊效果也越差。

背景与被摄对象的距离对景深的影响

在其他条件不变的情况下，画面中的背景与被摄对象的距离越远，则越容易得到小景深的虚化效果；反之，如果画面中的背景与被摄对象位于同一个焦平面上，或者非常靠近，则不容易得到虚化效果。

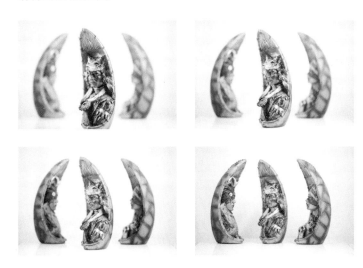

左图所示为在所有拍摄参数都不变的情况下，只改变被摄对象距离背景的远近而拍出的照片。

通过左侧展示的一组照片可以看出，在镜头位置不变的情况下，随着前面的木偶距离背景中的两个木偶越来越近，背景中木偶的虚化程度也越来越低。

设置快门速度控制曝光时间

快门与快门速度的含义

简单来说，快门的作用就是控制曝光时间的长短。在按动快门按钮时，从快门前帘开始移动到后帘结束所用的时间就是快门速度，这段时间实际上也就是电子感光元件的曝光时间。所以快门速度决定曝光时间的长短，快门速度越快，曝光时间就越短，曝光量也就越少；快门速度越慢，则曝光时间就越长，曝光量也就越多。

快门速度的表示方法

快门速度以秒为单位，佳能 EOS R6 Mark II 作为全画幅数码微单相机，其快门速度范围为 1/8000 ~ 30s，可以满足几乎所有题材的拍摄要求。

常见的快门速度有 30s、15s、8s、4s、2s、1s、1/2s、1/4s、1/8s、1/15s、1/30s、1/60s、1/125s、1/250s、1/500s、1/1000s、1/2000s、1/4000s 等。

▶ 设定方法
旋转模式拨盘选择 M 全手动或 Tv 快门优先曝光模式。在使用 M 挡或 Tv 挡拍摄时，直接向左或向右转动主拨盘，即可调整快门速度数值

设置快门释放模式

佳能 EOS R6 Mark II 提供了机械快门、电子前帘快门和电子快门 3 种快门模式，可以通过"快门模式"菜单来选择。

选择"机械"选项，可以激活机械快门，当使用大光圈进行拍摄时，建议使用此模式；选择"电子前帘"选项，拍摄时仅使用后帘快门，在高速连拍模式下，可以获得比机械快门更快的连拍速度；选择"电子"选项，可以在不发出快门音的情况下进行拍摄，在连拍时，相机始终以高速（最高约 40 张/秒）进行拍摄。

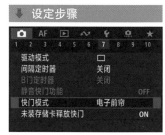

❶ 在**拍摄菜单 7** 中选择**快门模式**选项

❷ 点击选择所需的选项，然后点击 SET OK 图标确定

Q: 什么是电子快门，什么是电子前帘快门？

A: 简单来说，电子快门是通过开启和关闭相机的影像传感器电路来完成曝光的，因此，电子快门可以最大限度地降低快门声音及产生的震动，但在荧光灯或闪烁光源下使用，图片上会出现不同亮度级别的水平条带（斑马条纹）。电子前帘快门是机械快门和电子快门的混合体，在这个模式下，快门前帘和后帘开合的动作，将分别由电子快门（前帘）和机械快门（后帘）来完成，可以避免机身震动，减轻避免果冻现象和闪烁光源造成的"斑马条纹"现象。

快门速度对曝光的影响

　　如前面所述，快门速度的快慢决定了曝光量的多少。在其他条件不变的情况下，快门速度每变化一倍，曝光量也会变化一倍。例如，当快门速度由 1/125s 变为 1/60s 时，由于快门速度慢了一半，曝光时间增加了一倍，因此总的曝光量也随之增加了一倍。从下面展示的一组照片中可以发现，在光圈与 ISO 感光度数值不变的情况下，快门速度越慢，曝光时间越长，画面感光就越充分，所以画面也越亮。

　　下面是一组在焦距为 100mm、光圈为 F5、感光度为 ISO100 的特定参数下，只改变快门速度所拍摄的照片。

▲ 快门速度：1/125s

▲ 快门速度：1/100s

▲ 快门速度：1/80s

▲ 快门速度：1/60s

▲ 快门速度：1/40s

▲ 快门速度：1/30s

▲ 快门速度：1/25s

▲ 快门速度：1/20s

　　通过这一组照片可以看出，在其他曝光参数不变的情况下，随着快门速度逐渐变慢，进入镜头的光线不断增多，因此所拍摄出来的画面也逐渐变亮。

影响快门速度的三大要素

　　影响快门速度的要素包括光圈、感光度及曝光补偿，它们对快门速度的具体影响如下。

● 感光度：感光度每增加一倍（如从 ISO100 增加到 ISO200），感光元件对光线的敏感度会随之增加一倍，同时，快门速度也会随之提高一倍。

● 光圈：光圈每提高一挡（如从 F4 增加到 F2.8），快门速度则提高一倍。

● 曝光补偿：曝光补偿数值每增加 1 挡，由于需要更长时间的曝光来提亮照片，因此快门速度将降低一半；反之，曝光补偿数值每降低 1 挡，由于照片不需要更多的曝光，因此快门速度可以提高一倍。

快门速度对画面效果的影响

快门速度不仅影响相机的进光量，还会影响画面的动感效果。当表现静止的景物时，快门的快慢对画面不会有什么影响，除非摄影师在拍摄时有意摆动镜头；但当表现动态的景物时，不同的快门速度能够营造出不一样的画面效果。

右侧照片是在焦距和感光度都不变的情况下，将快门速度依次调慢所拍摄的。对比这一组照片，可以看到当快门速度较快时，水流被定格成相对清晰的影像；但当快门速度逐渐降低时，流动的水流在画面中渐渐产生模糊的效果。

由此可见，如果希望在画面中凝固运动着的拍摄对象的精彩瞬间，应该使用高速快门。拍摄对象的运动速度越高，采用的快门速度也要越快，以便在画面中凝固运动的对象，形成一种时间突然停滞的静止效果。

如果希望在画面中表现动态模糊效果，可以使用低速快门，按此方法拍摄流水、夜间的车流轨迹、风中摇摆的植物、流动的人群等，均能获得画面效果流畅、生动的照片。

▲ 光圈：F2.8 快门速度：1/80s 感光度：ISO50

▲ 光圈：F9 快门速度：1/8s 感光度：ISO50

▲ 光圈：F14 快门速度：1/3s 感光度：ISO50

▲ 光圈：F20 快门速度：0.8s 感光度：ISO50

▲ 光圈：F22 快门速度：1s 感光度：ISO50

▲ 光圈：F25 快门速度：1.3s 感光度：ISO50

▲ 采用高速快门定格住跳跃在空中的女孩『焦距：70mm ┊光圈：F4 ┊快门速度：1/500s ┊感光度：ISO200』

▲ 采用低速快门记录夜间的车流轨迹『焦距：24mm ┊光圈：F16 ┊快门速度：20s ┊感光度：ISO100』

依据对象的运动情况设置快门速度

在设置快门速度时，应综合考虑被拍摄对象的运动速度、运动方向，以及摄影师与被拍摄对象之间的距离这 3 个基本要素。

被拍摄对象的运动速度

不同的照片，拍摄时所需要的快门速度也不尽相同。例如，抓拍物体运动的瞬间，需要使用较高的快门速度；而如果进行跟踪拍摄，对快门速度的要求就比较低了。

▲ 坐着的狗处于静止状态，因此无须太高的快门速度『焦距：85mm ┊ 光圈：F2.8 ┊ 快门速度：1/200s ┊ 感光度：ISO100』

▲ 奔跑中的狗的运动速度很快，因此需要较高的快门速度才能将其清晰地定格在画面中『焦距：200mm ┊ 光圈：F6.3 ┊ 快门速度：1/1000s ┊ 感光度：ISO320』

被拍摄对象的运动方向

如果从运动对象的正面拍摄（通常是角度较小的斜侧面），能够表现出对象从小变大的运动过程，此时需要的快门速度通常要低于从侧面拍摄的快门速度。只有从侧面拍摄才能感受到被拍摄对象真正的速度，拍摄时需要的快门速度也就更高。

▶ 当从正面或斜侧面角度拍摄运动的对象时，速度感不强『焦距：70mm ┊ 光圈：F3.2 ┊ 快门速度：1/1000s ┊ 感光度：ISO400』

▲ 当从侧面拍摄运动的对象时，速度感很强『焦距：40mm ┊ 光圈：F2.8 ┊ 快门速度：1/1250s ┊ 感光度：ISO400』

摄影师与被拍摄对象之间的距离

无论是身体靠近运动对象，还是使用镜头的长焦端，画面中的运动对象越大、越具体，拍摄对象的运动速度相对越高，拍摄时需要不停地移动相机。略有不同的是，如果是身体靠近运动对象，则需要较大幅度地移动相机；而使用镜头的长焦端，只需小幅度地移动相机，就能够保证被摄对象一直处于画面之中。

从另一个角度来说，如果将视角变得更广阔一些，就不用为了将运动的对象融入画面中而费力地紧跟着被摄对象。比如使用镜头的广角端拍摄，就更容易抓拍到被摄对象运动的瞬间。

▲ 使用广角镜头抓拍到的现场整体气氛『焦距：28mm ┊ 光圈：F9 ┊ 快门速度：1/200s ┊ 感光度：ISO200』

▶ 长焦镜头注重表现单个主体，对瞬间的表现更加明显『焦距：400mm ┊ 光圈：F7.1 ┊ 快门速度：1/640s ┊ 感光度：ISO200』

常见快门速度的适用拍摄对象

以下是一些常见快门速度的适用拍摄对象，虽然在拍摄时并非一定要用快门优先曝光模式，但首先要对一般情况有所了解，才能找到最适合表现不同拍摄对象的快门速度。

快门速度（秒）	适用范围
B门	适合拍摄夜景、闪电、车流等。其优点是摄影师可以自行控制曝光时间，缺点是当不知道当前场景需要多长时间才能正常曝光时，容易出现曝光过度或不足的情况，此时需要摄影师多做尝试，直至得到满意的效果
1 ~ 30	在拍摄夕阳、天空仅有少量微光的日落后及日出前后时，都可以使用光圈优先曝光模式或手动曝光模式，很多优秀的夕阳作品都诞生于这个曝光区间。使用1 ~ 5s的快门速度，也能够将瀑布或溪流拍摄出如同丝绸一般的梦幻效果
1 和 1/2	适合在昏暗的光线下，使用较小的光圈获得足够的景深，通常用于拍摄稳定的对象，如建筑、城市夜景等
1/30	在使用标准镜头或广角镜头拍摄风光、建筑室内时，该快门速度可以视为拍摄时最低的快门速度
1/60	对于标准镜头，该快门速度可以保证在各种场合进行拍摄
1/125	这一挡快门速度非常适合在户外阳光明媚时使用，同时也能够拍摄运动幅度较小的物体，如行走中的人
1/250	适合拍摄中等运动速度的对象，如游泳运动员、跑步中的人或棒球活动等
1/500	该快门速度已经可以抓拍一些运动速度较快的对象，如行驶的汽车、快速跑动中的运动员、奔跑的马等
1/1000 ~ 1/4000	该快门速度区间已经可以用于拍摄一些急速运动的对象，如赛车、飞机、足球运动员、飞鸟及瀑布飞溅出的水花等

安全快门速度

　　简单来说，安全快门是指人在手持拍摄时能保证画面清晰的最低快门速度。这个快门速度与镜头的焦距有很大关系，即手持相机拍摄时，快门速度应不低于焦距的倒数。

　　比如相机焦距为70mm，拍摄时的快门速度应不低于1/80s。这是因为人在手持相机拍摄时，即使被拍摄对象待在原处纹丝未动，也会因为拍摄者本身的抖动而导致画面模糊。

▼ 虽然拍摄的是静态的玩偶，但由于光线较弱，导致快门速度低于安全快门速度，所以拍摄出来的玩偶是比较模糊的『焦距：100mm ┊光圈：F2.8 ┊快门速度：1/50s ┊感光度：ISO200 』

▲ 拍摄时提高了感光度，因此能够使用更高的快门速度，从而确保拍出来的照片很清晰『焦距：100mm ┊光圈：F2.8 ┊快门速度：1/160s ┊感光度：ISO800 』

高手点拨：要拍摄更清晰的影像，可以考虑使用后面将要讲的"影像稳定器模式"功能。

防抖技术对快门速度的影响

佳能的防抖系统全称为 IMAGE STABILIZER，简写为 IS，可保证在使用低于安全快门 4 倍的快门速度拍摄时也能获得清晰的影像。在使用时还要注意以下几点。

● 防抖系统成功校正抖动是有一定概率的，这还与个人的手持能力有很大关系。通常情况下，当使用低于安全快门两倍以内的快门速度拍摄时，成功校正的概率会比较高。

● 当快门速度高于安全快门 1 倍以上时，建议关闭防抖系统，否则防抖系统的校正功能可能影响原本清晰的画面，导致画质下降。

● 在使用三脚架保持相机稳定时，建议关闭防抖系统。因为在使用三脚架时，不存在手抖的问题，而开启了防抖功能后，其微小的震动反而会造成图像质量下降。值得一提的是，很多防抖镜头同时还带有三脚架检测功能，即它可以检测到三脚架细微震动造成的抖动并进行补偿。因此，在使用这种镜头拍摄时，则不应关闭防抖功能。

Q：IS 功能是否能够代替较高的快门速度？

A：虽然在弱光条件下拍摄时，具有 IS 功能的镜头允许摄影师使

防抖技术的应用

虽然防抖技术会对照片的画质产生一定的负面影响，但是当拍摄光线较弱时，为了得到清晰的画面，它又是必不可少的。例如，在拍摄动物时常常会使用 400mm 的长焦镜头，这就要求相机的快门速度必须保持在 1/400s 的安全快门速度以上，光线略有不足就很容易把照片拍虚，这时使用防抖功能几乎就成了唯一的选择。

影像稳定器模式

当在佳能 EOS R6 Mark II 相机上安装不具有 IS 功能的镜头时，可以启用相机的 IS 模式，这样即使镜头不具备防抖功能，也能实现稳定的拍摄效果。

▲ 有防抖标志的佳能镜头

用更低的快门速度，但实际上 IS 功能并不能代替较高的快门速度。要想得到出色的高清晰度照片，仍然需要用较高的快门速度来捕捉瞬间的动作。不管 IS 功能有多么强大，只有使用高速快门才能清晰地捕捉到快速移动的被摄对象，这一原则是不会改变的。

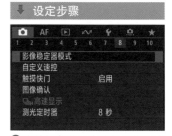

❶ 在**拍摄菜单 8** 中选择**影像稳定器模式**选项

❷ 选择**影像稳定器模式**选项，然后点击选择**开**选项

长时间曝光降噪功能

曝光的时间越长，产生的噪点就越多。此时，可以启用长时间曝光降噪功能消减画面中的噪点。

● 关闭：选择此选项，在任何情况下都不执行长时间曝光降噪功能。

● 自动：选择此选项，当曝光时间超过 1 秒，且相机检测到噪点时，将自动执行降噪处理。此设置在大多数情况下有效。

● 启用：选择此选项，在曝光时间超过 1 秒时即进行降噪处理，此功能适用于选择"自动"选项时无法自动执行降噪处理的情况。

设置曝光等级增量控制调整幅度

在"曝光等级增量"菜单中可以设置光圈、快门速度、曝光补偿、包围曝光、闪光曝光补偿及闪光包围曝光等数值的变化幅度，可以选择"1/3 级"或"1/2 级"。选定之后相机将以选定的幅度增加或减少曝光量。

● 1/3 级：选择此选项，每调整一级，则曝光量以 +1/3EV 或 −1/3EV 的幅度发生变化。

● 1/2 级：选择此选项，每调整一级，则曝光量以 +1/2EV 或 −1/2EV 的幅度发生变化。

▼ 设定步骤

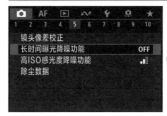

❶ 在**拍摄菜单 5** 中选择**长时间曝光降噪功能**选项

❷ 选择不同的选项，然后点击 SET OK 图标确定

高手点拨：降噪处理需要时间，而这个时间可能与拍摄时间相同。在将"长时间曝光降噪功能"设置为"启用"或"自动"时，那么在降噪处理过程中将显示"BUSY"，直到降噪完成，在这期间将无法继续拍摄照片。因此，通常情况下建议将它关闭，在需要进行长时间曝光拍摄时再开启。

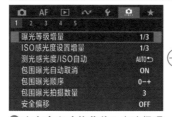

▲ 左图是未设置长时间曝光降噪功能时的局部画面，右图是启用了该功能后的局部画面，可以发现画面中的杂色及噪点都明显减少，但同时也损失了一定的细节

▼ 设定步骤

❶ 在**自定义功能菜单 1** 中选择**曝光等级增量**选项

❷ 点击选择 **1/3 级**或 **1/2 级**选项，然后点击 SET OK 图标确定

▲ 选择"1/3 级"选项时光圈值的变化示意

▲ 选择"1/2 级"选项时光圈值的变化示意

设置 ISO 控制照片品质

理解感光度

数码相机的感光度概念是从传统胶片感光度引入的，用于表示感光元件对光线的感光敏锐程度。即在相同的条件下，感光度越高，获得的光线也就越多。需要注意的是，感光度越高，产生的噪点就越多；而低感光度画面则清晰、细腻，细节表现较好。

▶ 设定方法

按 INFO 按钮切换至屏幕仅显示参数界面，按 Q 按钮激活速控屏幕，使用方向键选择右上角的感光度选项，然后转动速控转盘选择所需的 ISO 感光度值

佳能 EOS R6 Mark Ⅱ 作为全画幅微单相机，在感光度的控制方面非常优秀。其常用感光度范围为 ISO100 ~ ISO102400，并可以向下扩展至 L（相当于 ISO50），向上扩展至 H（相当于 ISO204800）。在光线充足的情况下，一般使用 ISO100 拍摄即可。

对于佳能 EOS R6 Mark Ⅱ 相机，当使用 RAW 格式拍摄时，若感光度在 ISO6400 以下，均能获得出色的画质；当感光度在 ISO6400 ~ ISO12800 之间时，佳能 EOS R6 Mark Ⅱ 的画质比低感光度时略有降低，但仍可以用良好来形容；当感光度增至 ISO12800 以上时，虽然画面的细节还比较好，但已经有明显的噪点了，尤其是在弱光环境下表现得更为明显；当感光度增至 ISO51200 时，画面中的噪点和色散已经变得非常严重，因此，除非必要，一般不建议使用 ISO6400 以上的感光度数值。

感光度的设置原则

感光度除了对曝光产生影响，对画质也有极大的影响。即感光度越低，画质就越好；反之，感光度越高，就越容易产生噪点、杂色，画质就越差。

在条件允许的情况下，建议采用佳能 EOS R6 Mark Ⅱ 基础感光度中的最低值，即 ISO100，这样可以最大限度地保证得到较高的画质。

需要特别指出的是，当在光线充足与不足的情况下分别拍摄时，即使设置相同的 ISO 感光度，在光线不足时拍出的照片中也会产生更多噪点。如果此时再使用较长的曝光时间，那么就更容易产生噪点。因此，在弱光环境中拍摄时，更需要设置低感光度，并配合高 ISO 感光度降噪和长时间曝光降噪功能来获得较高的画质。

当然，低感光度的设置，尤其是在光线不足的情况下，可能导致快门速度过低，在手持拍摄时很容易由于手的抖动而导致画面模糊。此时，应该果断提高感光度，即优先保证能够成功地完成拍摄，然后再考虑高感光度给画质带来的损失。因为画质损失可通过后期处理来弥补，而画面模糊则意味着拍摄失败，是无法补救的。

ISO 数值与画质的关系

如前所述，ISO 定义了感光元件对光线的灵敏度，而感光元件获取光线的能力是固定的，当感光元件获取光线之后要经过光电信号转换形成图像。如果希望在光线不足的情况下，提高感光元件对光线的灵敏度，就只能够对感光元件电子信号进行放大，但同时放大电子信息时，也会放大信号中的杂讯，导致信噪比降低，

反馈到照片上的就是，ISO 越高，噪点出现频率就越高，照片画面就越差。

从下面这一组照片中可以看出，在光圈优先曝光模式下，当 ISO 感光度数值发生变化时，快门速度也发生了变化，因此照片的整体曝光量并没有改变。但仔细观察细节可以看出，照片的画质随着 ISO 数值的增大而逐渐变差。

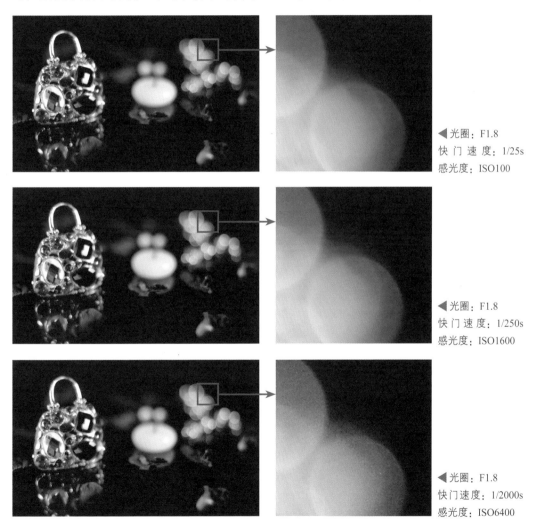

◀光圈：F1.8
快门速度：1/25s
感光度：ISO100

◀光圈：F1.8
快门速度：1/250s
感光度：ISO1600

◀光圈：F1.8
快门速度：1/2000s
感光度：ISO6400

从这一组照片中可以看出，在光圈优先曝光模式下，当 ISO 感光度数值发生变化时，快门速度也发生了变化，因此照片的整体曝光量并没有改变。但仔细观察细节可以看出，照片的画质随着 ISO 数值的增大而逐渐变差。

感光度对曝光效果的影响

作为控制曝光的三大要素之一，在其他条件不变的情况下，感光度每增加一挡，感光元件对光线的敏感度会随之提高一倍，即增加一倍的曝光量；反之，感光度每减少一挡，则减少一半的曝光量。

更直观地说，感光度的变化直接影响光圈或快门速度的设置，以 F5.6、1/200s、ISO400 的曝光组合为例，在保证被摄体正确曝光的前提下，如果要改变快门速度并使光圈数值保持不变，可以通过提高或降低感光度来实现。快门速度提高一倍（变为 1/400s），则可以将感光度提高一倍（变为 ISO800）；如果要改变光圈值而保证快门速度不变，同样可以通过调整感光度数值来实现，例如要增加两挡光圈（变为 F2.8），则可以将 ISO 感光度数值降低两挡（变为 ISO100）。

下面是一组在焦距为 50mm、光圈为 F7.1、快门速度为 1/30s 的特定参数下，只改变感光度数值拍摄的照片。

从这组照片中可以看出，当其他曝光参数不变时，ISO 感光度的数值越大，画面也就越明亮。

ISO 感光度设置

在"ISO 感光度设置"菜单中，可以选择 ISO 感光度的具体数值、设置静止图像的可用 ISO 感光度范围、设置自动 ISO 感光度的范围，以及使用自动 ISO 感光度时的最低快门速度等参数。

设定步骤

❶ 在**拍摄菜单 2** 中选择 **ISO 感光度设置**选项

❷ 点击选择 **ISO 感光度**选项

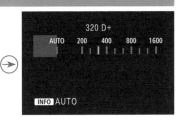

❸ 点击◀或▶图标选择不同的 ISO 感光度数值，然后点击 SET OK 图标确定

选择"ISO 感光度范围"选项后，摄影师可以对常用感光度的范围进行设置。比如最大程度能够接受 ISO3200 拍摄的效果，那么就可以将最小感光度设置为 ISO100，将最大感光度设置为 ISO3200。

当 ISO 感光度选择"自动"选项时，可以利用"自动范围"选项，相机可以在 ISO50 ~ ISO51200 范围内设定感光度的下限，在 ISO100 ~ ISO102400 范围内设定感光度的上限。

当使用自动感光度时，可以指定一个快门速度的最低数值，当快门速度低于此数值时，由相机自动提高感光度数值；反之，则使用"自动范围"中设置的最小感光度数值进行拍摄。

❹ 如果在步骤❷中选择 **ISO 感光度范围**选项

❺ 选择**最小**或**最大**选项，然后点击▲或▼图标选择 ISO 感光度的数值，完成后点点击选择**确定**选项

❻ 如果在步骤❷中选择**自动范围**选项

❼ 点击选择**最小**或**最大**选项，然后点击▲或▼图标选择 ISO 感光度数值，完成后点击选择**确定**选项

❽ 如果在步骤❷中选择**最低快门速度**选项

❾ 选择**自动**选项时可以选择自动最低快门速度的快与慢，选择**手动**选项时可以选择一个快门速度值，完成后点击 SET OK 图标保存

利用高 ISO 感光度降噪功能减少噪点

利用高 ISO 感光度降噪功能能够有效地减少图像的噪点，在使用高 ISO 感光度拍摄时的效果尤其明显，而且即使使用较低的 ISO 感光度，也会使图像阴影区域的噪点有所减少。

在"高 ISO 感光度降噪功能"菜单中共有 5 个选项，可以根据噪点的多少来改变其设置。需要特别指出的是，与应用"强"时相比，使用"多张拍摄降噪"能够在保持更高图像画质的情况下进行降噪，其原理是连续拍摄 4 张照片并将其自动合并成一张 JPEG 格式的照片。

另外，当将"高 ISO 感光度降噪功能"设置为"强"时，将使相机的连拍数量减少。

● 关闭：选择此选项，则不执行高 ISO 感光度降噪功能，适合用 RAW 格式保存照片的情况。

● 弱：选择此选项，则降噪幅度较弱，适合直接用 JPEG 格式拍摄且对照片不做调整的情况。

● 标准：选择此选项，则执行标准降噪幅度，照片的画质会略受影响，适合用 JPEG 格式保存照片的情况。

● 强：选择此选项，则降噪幅度较大，适合弱光拍摄的情况。

设定步骤

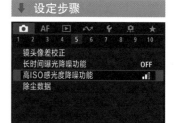

❶ 在**拍摄菜单 5** 中选择**高 ISO 感光度降噪功能**选项

❷ 点击选择不同的选项，然后点击 SET OK 图标确定

▲ 上小图是未启用"高 ISO 感光度降噪"功能拍摄的画面，下小图为启用此功能拍摄的画面，对比两张图可以看出，降噪后的照片噪点明显减少，但同时也损失了一定的细节

曝光四因素之间的关系

影响曝光的因素有 4 个：①照明的亮度，简称 LV；②感光度，即 ISO 值，该值越高，相机所需的曝光量越少；③光圈，更大的光圈能让更多的光线通过；④曝光时间，也就是所谓的快门速度。

下图为 4 个因素之间的联系。

影响曝光的这 4 个因素是一个互相牵引的四角关系，改变任何一个因素，均会对另外 3 个造成影响。例如，最直接的对应关系是"亮度—感光度"。当在较暗的环境中（亮度较低）拍摄时，就要使用较高的感光度值，以提高相机感光元件对光线的敏感度，来得到曝光正常的画面。

另一个直接的影响是"光圈—快门"。当用大光圈拍摄时，进入相机镜头的光量变多，因而便要提高快门速度，以避免照片过曝；反之，当缩小光圈时，进入相机镜头的光量变少，快门速度就要相应地变低，以避免照片欠曝。

下面进一步解释这四者之间的关系。

当光线较为明亮时，相机感光充分，因而可以使用较低的感光度、较高的快门速度或小光圈拍摄。

当使用高感光度拍摄时，相机对光线的敏感度提高，因此也可以使用较高的快门速度、较小光圈拍摄。

当降低快门速度做长时间曝光时，则可以通过缩小光圈、使用较低的感光度，或者加中灰镜来得到正确的曝光。

当然，在现场光环境中拍摄时，画面的亮度很难做出改变，虽然可以用中灰镜降低亮度，或者提高感光度来提高亮度，但是仍然会对画质带来一定的影响。因此，摄影师通常会先考虑调整光圈和快门速度。当调整光圈和快门速度都无法得到满意的效果时，才会调整感光度数值，最后考虑安装中灰镜或增加灯光为画面补光。

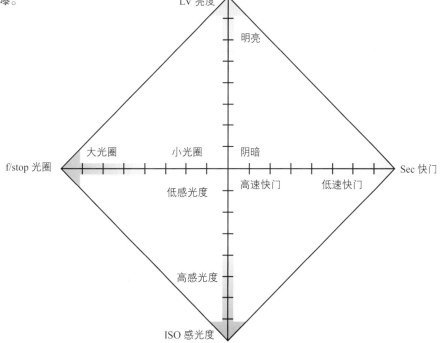

设置白平衡控制画面色彩

理解白平衡存在的重要性

无论是在室外的阳光下，还是在室内的白炽灯光下，人眼都将白色视为白色，将红色视为红色。之所以产生这种感觉是因为人的肉眼能够修正光源变化造成的着色差异。实际上，当光源改变时，作为这些光源的反射而被捕获的颜色也会发生变化，相机会精确地将这些变化记录在照片中，这样的照片在校正之前看上去是偏色的。

相机具有的白平衡功能可以校正不同光源下色彩的变化，就像人眼的功能一样，使偏色的照片得到校正。

值得一提的是，在实际应用时，也可以尝试使用"错误"的白平衡设置，从而获得特殊的画面色彩。例如，在拍摄夕阳时，如果使用白色荧光灯或阴影白平衡，则可以得到冷暖对比效果明显或带有强烈暖调色彩的画面，这也是白平衡的一种特殊应用方式。

佳能 EOS R6 Mark Ⅱ 相机共提供了 3 类白平衡设置，即预设白平衡、手调色温及自定义白平衡，下面分别讲解它们的作用。

预设白平衡

除了自动白平衡，佳能 EOS R6 Mark Ⅱ 相机还提供了日光、阴影、阴天、钨丝灯、白色荧光灯及闪光灯等 6 种预设白平衡，它们分别针对一些常见的典型环境，选择这些预设的白平衡可以快速获得需要的设置。

以下是使用不同预设白平衡拍摄同一场景得到的结果。

▶ 设定方法

按 M-Fn 按钮，然后转动速控转盘 I ◯，选择白平衡选项，再转动主拨盘 ⚙，选择所需白平衡模式选项

▲ 日光白平衡

▲ 阴影白平衡

▲ 阴天白平衡

▲ 钨丝灯白平衡

▲ 白色荧光灯白平衡

▲ 闪光灯白平衡

灵活运用两种自动白平衡

　　佳能 EOS R6 Mark II 相机提供了两种自动白平衡模式，其中"自动：氛围优先"自动白平衡模式能够较好地表现在钨丝灯下拍摄的效果，即在照片中保留灯光下的红色调，从而拍出具有温暖氛围的照片；而"自动：白色优先"自动白平衡模式可以抑制灯光中的红色调，准确地再现白色。

高手点拨："自动：氛围优先"与"自动：白色优先"自动白平衡模式的不同只有在色温较低的场景中才能表现出来，在其他条件下，使用两种自动白平衡模式拍摄出来的照片效果是一样的。

▲ 选择"自动：白色优先"自动白平衡模式可以抑制灯光中的红色，拍摄出来的照片中模特的皮肤会显得更白皙、好看一些『焦距：85mm ┊光圈：F3.2 ┊快门速度：1/40s ┊感光度：ISO400 』

❶ 在**拍摄菜单 4** 中点击选择**白平衡**选项

❷ 点击选择自动白平衡选项，然后点击 图标

❸ 点击选择**自动：氛围优先**或**自动：白色优先**选项，然后点击 图标确定

◀ 使用"自动：氛围优先"自动白平衡模式拍摄出来的照片暖色调更明显一些『焦距：85mm ┊光圈：F2.8 ┊快门速度：1/50s ┊感光度：ISO400 』

什么是色温

在摄影领域，色温通常用于说明光源的成分，单位为"K"。例如，日出日落时光的颜色为橙红色，这时色温较低，大约为3200K；太阳升高后，光的颜色为白色，这时色温较高，大约为5400K；阴天的色温还要高一些，大约为6000K。色温值越大，光源中所含的蓝色光越多；反之，色温值越小，则光源中所含的红色光越多。下图为常见场景的色温值。

低色温的光趋于红、黄色调，其能量分布中红色调较多，因此通常又被称为"暖光"；

高色温的光趋于蓝色调，其能量分布较集中，也被称为"冷光"。通常在日落时，光线的色温较低，因此拍摄出来的画面偏暖，适合表现夕阳静谧、温馨的感觉，为了增强这样的画面效果，可以将白平衡设置成阴天模式。

晴天、中午时分的光线色温较高，拍摄出来的画面偏冷，通常此时空气的能见度也较高，可以很好地表现大景深的场景。另外，冷色调的画面还可以在视觉上给人以开阔的感觉。

蓝天、白雪约10000K

雨天、阴天约7000K

正午晴天约5000K

下午阳光约4500K

室内灯光约3400K

烛光约1800K

9000K

8000K

7000K

6000K

5000K

4000K

3000K

2000K

户外阴影约7500K

阴天约6500K

闪光灯约5500K

夕阳约3800K

家用电灯约2800K

手调色温

为了应对复杂光线环境下的拍摄需要，佳能 EOS R6 Mark Ⅱ 相机在色温调整白平衡模式下提供了 2500K ～ 10000K 的色温调整范围，最小的调整幅度为 100K。用户可根据实际色温进行精确调整。

预设白平衡模式涵盖的色温范围比手调色温白平衡可调整的范围要小一些，因此当需要一些比较极端的效果时，预设白平衡模式就显得有些力不从心，此时可以进行手动调整。

在通常情况下，使用自动白平衡模式就可以获得不错的色彩效果。但在特殊光线条件下，使用自动白平衡模式有时可能无法得到准确的色彩还原。此时，应根据光线条件选择合适的白平衡模式。实际上，每一种预设白平衡都对应着一个色温值，以下是不同预设白平衡模式所对应的色温值。

显 示	白平衡模式	色 温（K）
AWB	自动（氛围优先）	3000～7000
AWB w	自动（白色优先）	
☀	日光	5200
⌂	阴影	7000
☁	阴天（黎明、黄昏）	6000
※	钨丝灯	3200
※	白色荧光灯	4000
⚡	使用闪光灯	6000
◢◣	用户自定义	2000～10000
K	色温	2500～10000

▲ 即使使用了色温值最高的阴影预设白平衡（色温约为 7000K），得到的暖调效果还是不够纯粹

▲ 通过手动调整色温至最高的 10000K，可以看出得到的暖调效果更加强烈

↓ 设定步骤

❶ 在**拍摄菜单 4** 中点击选择**白平衡**选项

❷ 点击选择**色温**选项，然后点击 ◢、图标选择色温值，选择完成后点击 SET OK 图标确定

自定义白平衡

自定义白平衡模式是各种白平衡模式中最精准的一种，是指在现场光照条件下拍摄纯白色的物体，相机会认为这张照片是标准的"白色"，从而以此为依据对现场色彩进行调整，最终实现精准的色彩还原。

在佳能 EOS R6 Mark II 相机中自定义白平衡操作步骤如下。

❶ 在镜头上将对焦方式切换至 MF（手动对焦）方式。

❷ 在被拍摄对象的周围找到一个白色物体，然后半按快门对白色物体进行测光（此时无须顾虑是否对焦的问题），且要保证白色物体应充满画面，然后按下快门拍摄一张照片。

❸ 在"拍摄菜单 4"中选择"自定义白平衡"选项。

❹ 此时将要求选择一张图像作为自定义的依据，选择前面拍摄的照片并确定即可。

❺ 要使用自定义的白平衡，在白平衡菜单中选择"用户自定义"选项即可。

例如，在室内使用恒亮光源拍摄人像或静物时，由于光源本身都会带有一定的色温倾向，因此，为了保证拍出的照片能够准确地还原色彩，可以通过自定义白平衡的方法进行拍摄。

高手点拨：在实际拍摄时，灵活运用自定义白平衡功能，可以使拍摄效果更自然，这要比使用滤色镜获得的效果更自然，操作也更方便。值得注意的是，当曝光不足或曝光过度时，使用自定义白平衡可能无法获得正确的白平衡。在实际拍摄时可以使用18%灰度卡（市场有售）取代白色物体，这样可以更精确地设置白平衡。

▲ 采用自定义白平衡拍摄室内人像，画面中人物的肤色得到了准确还原
『焦距：50mm ┊ 光圈：F4 ┊ 快门速度：1/160s ┊ 感光度：ISO100』

⬇ 设定步骤

❶ 切换至手动对焦方式

❷ 对白色对象进行测光并拍摄

❸ 选择**自定义白平衡**选项

❹ 选择所拍摄的照片作为自定义的依据，然后点击屏幕上的 SET 图标确定

❺ 若要使用自定义的白平衡，选择**用户自定义**选项即可

白平衡偏移/包围

"白平衡偏移/包围"菜单实际上包含了两个功能，即白平衡偏移和白平衡包围，下面分别讲解它们的功能。

白平衡偏移

白平衡偏移是指通过设置对白平衡进行微调校正，以获得与使用色温转换滤镜同等的效果。"白平衡偏移"功能可用于校正镜头的偏色。例如，如果某一款镜头成像时会偏一点红色，此时利用此功能可以使照片稍偏蓝一点，从而得到颜色相对准确的照片。

每种色彩都有 1 ~ 9 级校正。其中 B 代表蓝色，A 代表琥珀色，M 代表洋红色，G 代表绿色。

在设置白平衡偏移时，点击屏幕上的▲、▼、◀、▶图标将"■"移至所需位置，即可让拍出的照片偏向所选择的色彩。

⬇ 设定步骤

❶ 在**拍摄菜单 4** 中点击选择**白平衡偏移 / 包围**选项

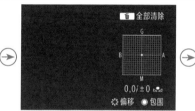

❷ 点击屏幕上的▲、▼、◀、▶图标，选择不同的白平衡偏移方向

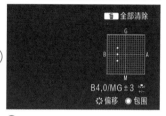

❸ 如果设置白平衡包围，只需点击◢或◣图标，使屏幕上出现"■ ■■"标记即可

白平衡包围

当使用"白平衡包围"功能拍摄时，一次拍摄可同时得到3张不同白平衡偏移效果的图像。在当前白平衡设置的色温基础上，图像将进行蓝色/琥珀色偏移或洋红色/绿色偏移。

操作时首先要通过点击确定白平衡包围的基础色调，其操作步骤与前面所述的设置白平衡偏移的步骤相同，在此基础上点击◢或◣图标，或者旋转速控转盘 1 ⚪使屏幕上的■标记变成 ■ ■ ■。操作时可以尝试多次点击◢或◣图标或旋转速控转盘 1 ⚪，以改变白平衡包围的范围。

▲ 当拍摄雪地日出照片时，由于太阳跳出地平线的速度较快，无法慢慢地调整白平衡模式，因而可以使用"白平衡包围"功能，设置蓝色/琥珀色方向的偏移，以便拍摄完成后挑选色彩效果较好的照片

设置自动对焦模式

对焦是成功拍摄的重要前提之一，准确对焦可以让画面要表现的主体得以清晰呈现；反之，则容易出现画面模糊的问题，也就是所谓的"失焦"。

佳能 EOS R6 Mark Ⅱ相机提供了 AF 自动对焦与 MF 手动对焦两种模式，而 AF 自动对焦又可以分为单次自动对焦、人工智能自动对焦、伺服自动对焦 3 种模式，下面分别讲解它们的使用方法。

单次自动对焦（ONE SHOT ）

单次自动对焦在合焦（半按快门时对焦成功）之后即停止自动对焦，此时可以保持半按快门状态重新调整构图，这种对焦模式是风光摄影中最常用的自动对焦模式之一，特别适合拍摄静止的对象，如山峦、树木、湖泊、建筑等。当然，在拍摄人像和动物时，如果被摄对象处于静止状态，也可以使用这种自动对焦模式。

▶ 设定方法

先将镜头的对焦模式开关置于 AF 端，按 M-Fn 按钮，转动速控转盘 1○选择自动对焦操作选项，然后转动主拨盘⌒选择所需的自动对焦模式

Q: 自动对焦不工作了怎么办？

A：出现这个问题的原因通常有以下 6 个。

首先要检查镜头上的对焦模式开关。如果镜头上的对焦模式开关置于 MF 端，就代表你正使用手动对焦，自然无法自动对焦。

其次，要确保稳妥地安装了镜头。

第三，要确认相机的对焦模式是手动对焦模式。

第四，如果对焦拍摄的物体没有任何细节，比如白墙或白纸，或者在弱光下，也会形成无法对焦的假象。

第五，如果对焦拍摄的物体在当前使用的镜头最近对焦距离之内，也会造成无法对焦的假象。

第六，查看一下镜头与相机的接口触点是否有锈痕，如果也没问题，那有可能相机的对焦模组真的出了问题。

▲ 单次自动对焦模式非常适合拍摄静止的对象

人工智能自动对焦（AI FOCUS）

　　人工智能自动对焦模式适用于无法确定被摄对象是静止还是处于运动状态的情况。此时相机会自动根据被摄对象是否运动来选择单次对焦还是人工智能伺服自动对焦。

　　例如，在动物摄影中，如果所拍摄的动物暂时处于静止状态，但有突然运动的可能，此时应该使用该对焦模式，以保证能够将被摄对象清晰地捕捉下来。在人像摄影中，如果模特不是处于摆拍的状态，随时有可能从静止变为运动状态，也可以使用这种对焦模式。

▲ 当拍摄动静不定的宠物时，可以使用人工智能自动对焦模式『焦距：120mm ┆ 光圈：F5.6 ┆ 快门速度：1/600s ┆ 感光度：ISO600』

伺服自动对焦（SERVO）

　　选择伺服自动对焦模式后，当摄影师半按快门合焦后，保持快门的半按状态，相机会在对焦点中自动切换以保持对运动对象的准确合焦。如果在此过程中，被摄对象的位置发生了较大变化，相机会自动做出调整，以确保主体清晰。这种对焦模式较适合拍摄运动中的鸟、昆虫、人等对象。

▲ 拍摄类似以上图这样正在运动的人物与鸟儿时，使用伺服自动对焦模式可以获得焦点清晰的画面『焦距：200mm ┆ 光圈：F5.6 ┆ 快门速度：1/1000s ┆ 感光度：ISO400』

Q：如何拍摄自动对焦困难的主体？

　　A：在主体与背景反差较小、主体在弱光环境中、主体处于强烈逆光环境中、主体本身有强烈的反光、主体的大部分被一个自动对焦点覆盖的景物覆盖或主体是重复的图案等情况下，佳能 EOS R6 Mark Ⅱ 相机可能无法进行自动对焦。此时，可以按照下面的步骤使用对焦锁定功能进行拍摄。

　　1.设置对焦模式为单次自动对焦，将自动对焦点移至另一个与希望对焦的主体距离相等的物体上，然后半按快门按钮。

　　2.因为半按快门按钮时对焦已被锁定，因此可以在半按快门按钮的状态下，平移相机使自动对焦点覆盖到希望对焦的主体上，重新构图后再完全按下快门拍摄即可。

设置对焦区域模式满足不同的拍摄需求

理解自动对焦区域

在选择了自动对焦模式后，必须要选择自动对焦区域模式，才能让相机"明白"应该用哪一些对焦点，以及以哪种方式对被拍摄对象进行对焦操作。

下面分别讲解 8 种自动对焦区域模式。

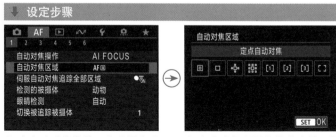

❶ 在**自动对焦菜单 1** 中选择**自动对焦区域**选项

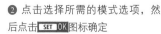

❷ 点击选择所需的模式选项，然后点击 SET OK 图标确定

定点自动对焦

此模式的对焦区域非常小，因此适合进行更小范围的对焦。例如，在隔着笼子拍摄动物时，可能需要更小的对焦点对笼子里面的动物进行对焦。但也正是由于对焦区域小，因此在手持拍摄或移动对焦时，可能出现无法合焦的问题。

▲ 使用"定点自动对焦"模式对铁丝网后面的动物的眼睛进行精确对焦『焦距：400mm ┊ 光圈：F9 ┊ 快门速度：1/250s ┊ 感光度：ISO400 』

◀ 选择**定点自动对焦**模式时的显示屏

单点自动对焦

顾名思义，这种自动对焦区域模式使用相机的一个对焦点进行拍摄。由于对焦面积略大于定点自动对焦区域模式，因此，对焦成功率也有所提升。

▶ 选择**单点自动对焦**模式时的显示屏

扩展自动对焦区域：⊹

　　这种模式可以理解为"单点自动对焦"模式的升级版，即仍然以手选单个对焦点的方式进行对焦，但在当前所选的对焦点周围有 4 个辅助对焦点。

　　由于对焦点的数量增加了，因此在确保对焦准确性的同时，对焦的成功率有很大提升。

　　例如，在拍摄运动中的鸟、宠物时，对焦点无疑应该在眼睛上，但为了避免对焦失误，可以使用扩展自动对焦区域模式，使相机以眼睛为中心对焦到鸟或宠物的头部。

▲ 选择**扩展自动对焦区域：⊹**模式时的显示屏

◀ 当拍摄远处的对象如小狗时，由于只需要保证头部清晰，因此可以使用对焦范围最大的扩展自动对焦区域『焦距：400mm ┆光圈：F9 ┆快门速度：1/250s ┆感光度：ISO400』

扩展自动对焦区域：周围

　　这种模式与"扩展自动对焦区域"非常类似，区别仅在于辅助对焦点的数量，"扩展自动对焦区域"辅助对焦点的数量为 4 个，而"扩展自动对焦区域：周围"的辅助对焦点数量为 8 个，同理，由于对焦点的数量增加了，因此对焦的成功率再次获得很大提升，但由于参与合焦的自动对焦点数量提升，因此合焦的准确度有所下降。

　　这种自动对焦区域模式，更适合拍摄动态人像题材和规律运动较多的体育题材。

▲ 选择**扩展自动对焦区域：周围**模式时的显示屏

灵活区域自动对焦 1

在此模式下,相机的自动对焦点被划分为多个正方形区域,每个区域中包含了若干个对焦点。当选择某个区域进行对焦时,则此区域内的对焦点将自动进行对焦。

灵活区域自动对焦 2

在此模式下,相机的自动对焦点被划分为竖高的矩形区域,每个区域中包含了若干个对焦点。当选择某个区域进行对焦时,则此区域内的对焦点将自动进行对焦。

灵活区域自动对焦 3

在此模式下,相机的自动对焦点被划分为水平条状矩形区域,每个区域中包含了若干个对焦点。当选择某个区域进行对焦时,则此区域内的对焦点将自动进行对焦。

▲ 被拍摄的小狗仅在画面上方水平运动,此时就可以使用"灵活区域自动对焦 3"模式进行拍摄『焦距:120mm ┊光圈:F2.8 ┊快门速度:1/640s ┊感光度:ISO800』

整个区域自动对焦

当使用这两种对焦模式时,只会自动将焦点对焦于距离相机更近的被摄体上,因此无法精准指定对焦位置。

▲ 选择**灵活区域自动对焦 1** 模式时的速控屏幕

▲ 选择**灵活区域自动对焦 2** 模式时的速控屏幕

▲ 选择**灵活区域自动对焦 3** 模式时的速控屏幕

▲ 选择**整个区域自动对焦**模式时的速控屏幕

手选对焦点/对焦区域的方法

在 P、Av、Tv、Fv 及 M 模式下，前面讲述的 8 种自动对焦区域模式，都支持手动选择对焦点或对焦区域，以便根据对焦需要进行选择。

在选择对焦点/对焦区域时，先按下机身上的自动对焦点按钮，然后使用多功能控制钮将自动对焦点/对焦区域移动到想要对焦的位置，如果垂直按下多功能控制钮的中央，则可以选择中央对焦点/区域。

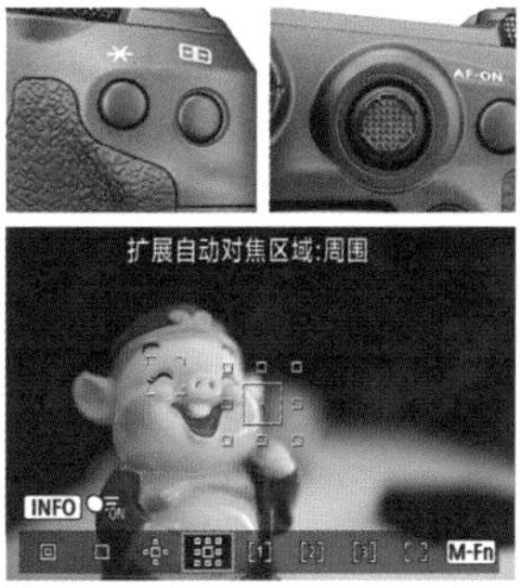

设定方法

按相机背面右上方的自动对焦点选择按钮，然后按多功能控制钮调整对焦点或对焦区域的位置。也可以点击屏幕来选择对焦点的位置

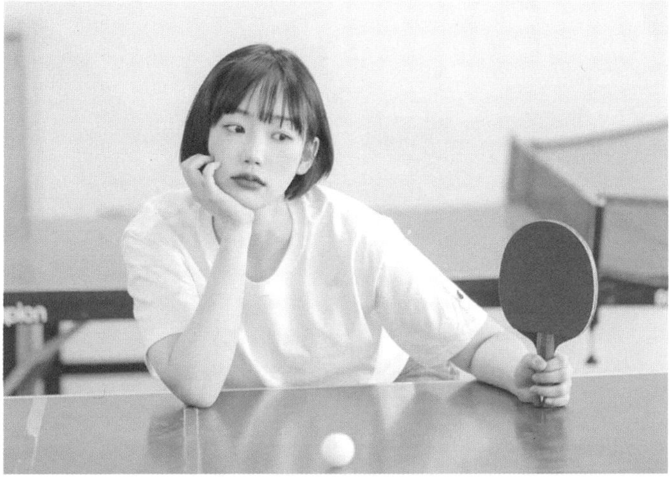

▲ 采用手选对焦点的方式拍摄，保证了对人物的灵魂——眼睛进行准确对焦『焦距：85mm ┆ 光圈：F1.4 ┆ 快门速度：1/160s ┆ 感光度：ISO160』

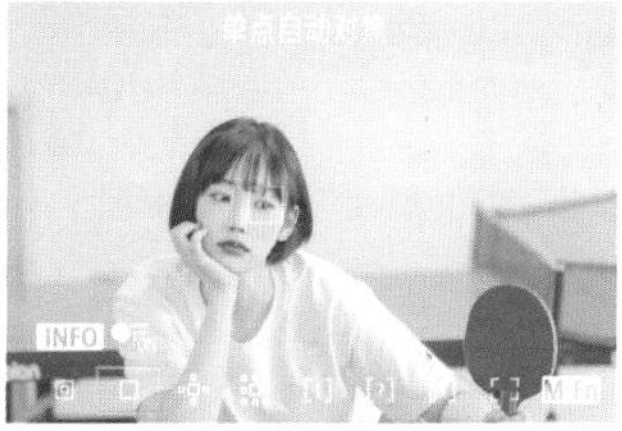

▲ 手选对焦点示意图

设置选择自动对焦点时的灵敏度

当使用多功能控制钮选择自动对焦点位置时，可以通过“灵敏度—自动对焦点选择”菜单设定操作时的灵敏度。

高手点拨：不建议将此选项设置得太高，否则在操控多功能控制钮时，自动对焦点容易跑偏。

设定步骤

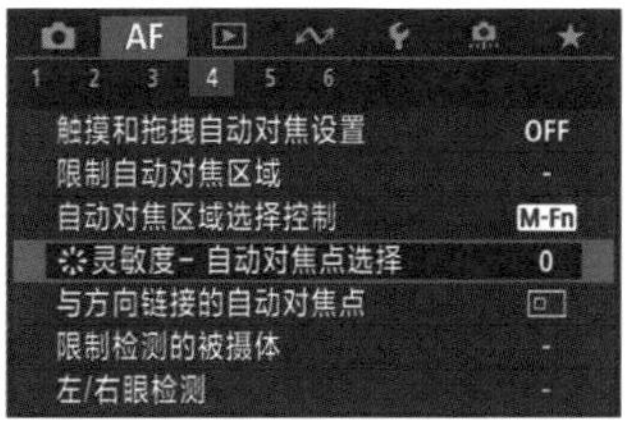

❶ 在**自动对焦菜单 4** 中选择**灵敏度 – 自动对焦点选择**选项

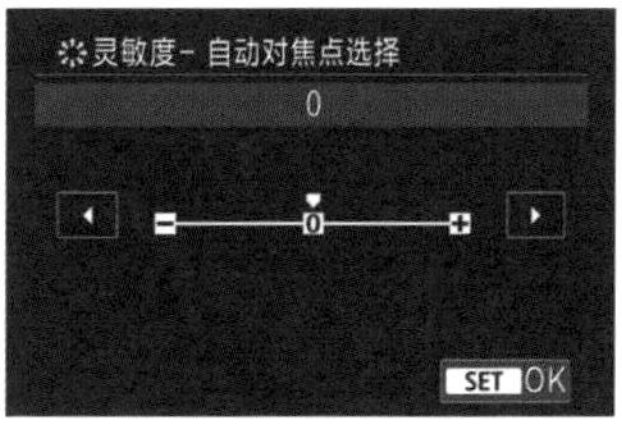

❷ 点击◀或▶图标选择一个选项，然后点击 SET OK 图标确定

自动对焦控制工具

佳能 EOS R6 Mark II 相机提供了 5 种对焦场景控制，以满足拍摄对象以不同方式运动时对焦控制参数的选择与设置要求。

场景 1 ~ 4 及场景 AUTO 中所包含的参数及其代表的功能是相同的，均包括"追踪灵敏度"和"加速 / 减速追踪"两个参数。在下面的讲解中，仅在场景 1 中讲解这两个参数的作用。

场景 1 通用多用途设置

此选项适用于拍摄一般运动场面。例如，在拍摄运动特征不明显或运动幅度较小的对象时，此功能较为适用。

⬇ 设定步骤

  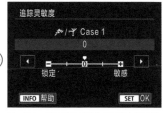

❶ 在**自动对焦菜单 2** 中选择 **Case1** 选项，然后点击 图标进入其详细参数设置界面

❷ 点击选择**追踪灵敏度**选项

❸ 点击◀或▶图标可设定不同的灵敏度数值，设定完成后点击 图标确定

● 追踪灵敏度：设置此参数的意义在于，当被摄对象前方出现障碍对象时，通过此参数使相机"明白"，是忽略障碍对象继续跟踪对焦被摄对象，还是对新被摄体（即障碍对象）进行对焦拍摄。选择此选项后，可以拖动滑块向左边的"锁定"或右边的"敏感"进行参数设置。当滑块位置偏向于"锁定"时，即使有障碍物进入自动对焦点，或者被摄对象偏移了对焦点，相机仍然会继续保持原来的对焦位置；反之，若滑块位置偏向于"敏感"方向，当障碍对象出现后，相机的对焦点就会从原被摄对象上

❹ 若在步骤❷中选择了**加速 / 减速追踪**选项

❺ 点击◀或▶图标可设定不同的灵敏度数值，设定完成后点击 图标确定

脱开，马上对焦在新的障碍对象上。

● 加速/减速追踪：此参数用于设置当被摄对象突然加速或突然减速时的对焦灵敏度，数值越大，则当被摄对象突然加速或减速时，相机对其进行跟踪对焦的灵敏度越高。此参数的默认设置为 0，适用于被摄体移动速度基本稳定或变化不大的拍摄情况。

场景2 忽略障碍物连续自动追踪被摄体

选择此选项后，若主体脱离了对焦范围，或者对焦范围内有其他物体出现，相机将优先针对之前对焦的主体进行跟踪，从而避免主体移动或出现障碍时相机的对焦系统受到干扰。此场景适合拍摄网球选手、蝶泳选手、自由式滑雪选手等运动对象。

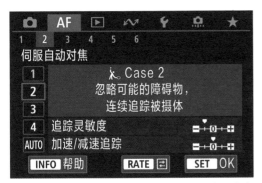

在**自动对焦菜单2**中选择 **Case 2** 选项，然后点击 图标进入其详细参数设置界面

场景3 立刻对焦突然进入对焦点的被摄体

选择此选项后，若对焦点范围内出现新的物体，则相机会自动切换对焦主体，即针对新出现的物体进行对焦；当主体脱离对焦点范围时，则可能会针对背景进行重新对焦。此场景适合拍摄赛车的起点/转弯、高山滑雪选手下坡等题材。

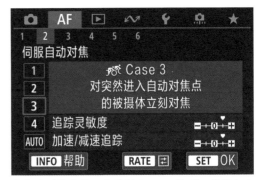

在**自动对焦菜单2**中选择 **Case 3** 选项，然后点击 图标进入其详细参数设置界面

场景4 拍摄快速加速或减速的被摄体

选择此选项后，若拍摄对象出现突然加速或减速运动，则相机会倾向于随着对象运动速度的改变而自动进行追踪。此场景适合拍摄足球、赛车、篮球等题材。

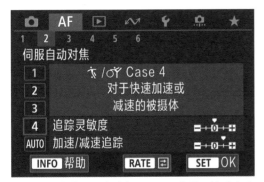

在**自动对焦菜单2**中选择 **Case 4** 选项，然后点击 图标进入其详细参数设置界面

场景AUTO 自动追踪被拍摄对象

此选项适合拍摄不确定运动方向的题材。在此场景下，相机会根据被摄体的运动变化而自动设定追踪灵敏度和加速/减速追踪选项。

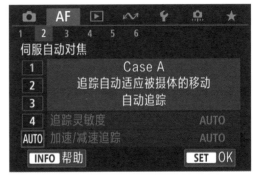

在**自动对焦菜单2**中选择 **Case A** 选项，然后点击 图标确定

其他对焦控制参数

切换被追踪被摄体

"切换被追踪被摄体"菜单用于控制当对焦的对象进行大幅度上、下、左、右运动时，相机对其进行跟踪对焦的灵敏度。数值越大，跟踪得越紧密，相机会根据被摄对象的运动情况快速地切换自动对焦点，以保持对焦的准确性。

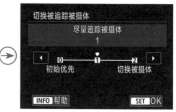

● 设定步骤

❶ 在**自动对焦菜单 1** 中选择**切换被追踪被摄体**选项

❷ 点击◀或▶图标选择一个选项，然后点击 SET OK 图标确定

单次自动对焦释放优先

佳能 EOS R6 Mark II 相机为单次自动对焦模式提供了对焦或释放优先设置选项，以满足用户多样化的拍摄需求。

例如，在一些弱光或不易对焦的情况下，使用单次自动对焦模式拍摄时，也可能出现无法对焦而导致错失拍摄时机的问题，此时就可以在此菜单中进行设置。

● 设定步骤

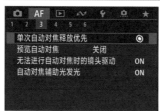

❶ 在**自动对焦菜单 3** 中选择**单次自动对焦释放优先**选项

❷ 点击◀或▶图标可以选择**对焦**或**释放**选项，然后点击 SET OK 图标确定

● 对焦优先：选择此选项，相机将优先进行对焦，直至对焦完成后才会释放快门，因而可以清晰、准确地捕捉到瞬间影像。选择此选项的缺点是，可能由于对焦时间过长而错失精彩的瞬间。

● 释放优先：选择此选项，将在拍摄时优先释放快门，以保证抓取到瞬间影像，但此时可能出现尚未精确对焦即释放快门的情况，而导致照片脱焦变虚。

高手点拨：此功能可以解决困扰摄影师的"先拍到还是先拍好"的问题。对于纪实摄影建议"先拍到"，因此应该设置为"对焦"；对于其他类型建议选择"释放"。

◀一张精彩的纪实照往往以成功对焦作为标准之一『焦距：50mm ┊光圈：F5.6 ┊快门速度：1/200s ┊感光度：ISO100』

限制自动对焦区域

虽然佳能 EOS R6 Mark II 相机提供了 8 种自动对焦方式，但是每个人的拍摄习惯和拍摄题材不同，这些模式并非都是常用的，甚至有些模式几乎不会用到，因此可以在"限制自动对焦方式"菜单中自定义选择自动对焦区域选择模式，以简化拍摄时的操作。

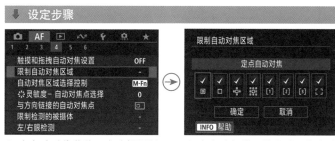

❶ 在**自动对焦菜单 4** 中选择**限制自动对焦区域**选项

❷ 点击选择常用的自动对焦方式选项，添加勾选标志，选择完成后点击选择**确定**选项

伺服自动对焦追踪全部区域

此菜单可以设定是否在使用伺服自动对焦模式时，相机将自动对焦区域模式切换到"整个区域自动对焦"。

选择"开"时，半按快门按钮使自动对焦区域切换到"整个区域自动对焦"以追踪被摄体。

选择"关"时，半按或完全按下快门按钮，相机仅在自动对焦点范围内追踪被摄体。

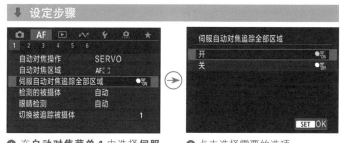

❶ 在**自动对焦菜单 1** 中选择**伺服自动对焦追踪全部区域**选项

❷ 点击选择需要的选项

预览自动对焦

使用此菜单功能后，即使摄影师没有半按快门按钮，也可以让相机持续对焦。

但此时，会由于连续驱动镜头消耗电池电量，因此可拍摄的张数会减少。

❶ 在**自动对焦菜单 3** 中选择**预览自动对焦**选项

❷ 点击选择需要的选项

触摸和拖拽自动对焦设置

通过设置此选项，可以使摄影师观看取景器时，使用食指或大拇指在液晶屏幕上触摸或拖拽来移动自动对焦点。

● 触摸和拖拽自动对焦：选择"启用"选项，在使用取景器拍摄时，可以通过触摸屏幕来选择自动对焦点的位置。选择"关闭"选项，则不能通过触摸的方式来选择自动对焦点的位置，只能通过按键的方式进行操作。

● 定位方法：选择"绝对"选项，则在屏幕上触摸或拖拽到什么位置，自动对焦点便移动到该位置；选择"相对"选项，则自动对焦点沿拖拽方向移动，移动的距离与拖拽的距离相同，触摸屏幕上的位置对此没有影响。

● 有效触控区：可以指定用于触摸和拖拽操作的屏幕区域。在选定区域之外的其他区域，则对触摸或拖拽操作无效。

↓ 设定步骤

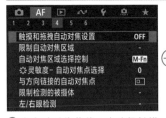

❶ 在**自动对焦菜单 4** 中选择**触摸和拖拽自动对焦设置**选项

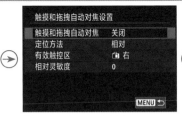

❷ 点击选择要修改的选项

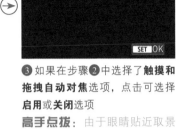

❸ 如果在步骤❷中选择了**触摸和拖拽自动对焦**选项，点击可选择**启用**或**关闭**选项

高手点拨：由于眼睛贴近取景器时，面部距离液晶屏幕较近，因此应该将"有效触控区"设置成为便于触摸的位置，如"右下"或"左下"。同理，由于此时手指不便在整个屏幕上进行触摸操作，因此建议将"定位方法"设置为"相对"。

❹ 如果在步骤❷中选择了**定位方法**选项，点击可选择**绝对**或**相对**选项

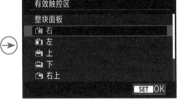

❺ 如果在步骤❷中选择了**有效触控区**选项，点击可选择一个区域选项，选择完成后点击 SET OK 图标确认

◀ 在拍摄人像照片时，使用触摸方式来迅速改变自动对焦点的位置，可以减少模特等待的时间『焦距：50mm ┆ 光圈：F2.8 ┆ 快门速度：1/320s ┆ 感光度：ISO100』

与方向链接的自动对焦点

在水平或垂直方向切换拍摄时，经常遇到的一个问题就
是，在切换至不同的方向时，会使用不同的自动对焦区域选
择模式及对焦点/区域的位置。此时可以开启此菜单，以确保
在每次拍摄时，即便使用不同的水平或垂直方向，对焦点也
能够自动定位到上次使用此方向时的对焦点上。

● 水平/垂直方向相同：选择此选项，无论如何在横拍与竖拍之间进
行切换，对焦点或区域都不会发生变化。

● 不同的自动对焦点：区域+点：选择此选项，即为水平、垂直（相
机手柄朝上）、垂直（相机手柄朝下）分别设定自动对焦点及自动对
焦区域模式时，当改变相机方向时，相机会自动调用上一次以此方向
拍摄时，使用的自动对焦点及自动对焦区域模式。

● 不同的自动对焦点：仅限点：选择此选项，即为水平、垂直（相机
手柄朝上）、垂直（相机手柄朝下）分别设定自动对焦点或区域。当
改变相机方向时，相机会自动调用上一次以此方向拍摄时，使用的自
动对焦点。

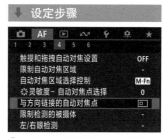

❶ 在**自动对焦菜单 4** 中选择**与方向链接的自动对焦点**选项

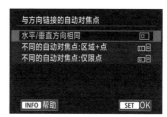

❷ 点击选择所需选项，然后点击 SET OK 图标确定

◀ 拍人像时经常切换拍摄方向，启用此功能非常实用
『焦距：50mm ┆ 光圈：F3.2 ┆ 快门速度：1/200s ┆ 感
光度：ISO100』

▲ 当选择"不同的自动对焦点：仅限点"
选项时，每次水平握持相机时，相机会自
动切换到上次以此方向握持相机拍摄时使
用的自动对焦点上

▲ 当选择"不同的自动对焦点：
仅限点"选项时，每次垂直（相
机手柄朝下）握持相机时，相
机会自动切换到上次以此方向
握持相机拍摄时使用的自动对
焦点上

▲ 当选择"不同的自动对焦点：
仅限点"选项时，每次垂直（相
机手柄朝上）握持相机时，相
机会自动切换到上次以此方向
握持相机拍摄时使用的自动对
焦点上

识别被拍摄对象

为了提高对焦的精准度，佳能 EOS R6 Mark II 相机提供了检测被摄体功能，通过此菜单可以设置相机在自动对焦时，是否优先识别画面中的人物、动物、车辆等拍摄对象。

⬇ 设定步骤

❶ 在**自动对焦菜单 1** 中选择**检测的被摄体**选项

❷ 点击选择**人物**、**动物**或**无优先**选项

● 人物：选择此选项，在拍摄时相机优先识别人物的面部或头部，优先对人进行追踪对焦。若相机无法检测到人物的面部或头部，则可能追踪身体的全部或部分部位。

● 动物：选择此选项，在拍摄时相机会检测动物（狗、猫或鸟）和人物，并且优先对动物进行追踪对焦。在检测动物时，相机会尝试检测面部或身体，且自动对焦点会显示在检测到的面部上。

● 车辆：选择此选项，在拍摄时相机会检测车辆（跑车、摩托车、飞机和火车）和人物，并优先对车辆进行追踪对焦。

● 无：选择此选项，相机将根据检测到的被摄体信息自动确定主要的被摄对象。

对人物的眼睛进行对焦

在拍摄人物或动物时，一般都针对眼睛进行对焦，以保证眼睛在画面中是最清晰的。为此 EOS R6 Mark II 相机提供了"眼睛检测"功能，其作用就是拍摄人像或动物时，只要相机识别到画面中有面部或眼睛，相机便会对人物或动物的眼睛进行对焦。因此，使用"眼睛检测"功能拍摄人物或动物照片时非常方便，可以省去调节自动对焦点的操作。

⬇ 设定步骤

❶ 在**自动对焦菜单 1** 中选择**眼睛检测**选项

❷ 点击选择**自动**、**右眼**、**左眼**或**关闭**选项

▲ 拍摄时若相机识别到眼睛，便会在眼睛周围显示自动对焦点，此时用户还可以点击切换对焦的眼睛

如果要拍摄的模特有明显的大小眼，或者某一只眼睛更好看一些，那么可以在"眼睛检测"页面选择"左眼"或"右眼"，但相机在没有检测到所选眼睛的情况下，会自动对焦到另一只眼睛上。

利用自动对焦辅助光辅助对焦

利用"自动对焦辅助光发光"菜单可以控制是否开启相机外置闪光灯的自动对焦辅助光。

在弱光环境下，由于对焦很困难，因此开启对焦辅助光照亮被摄对象，可以起到辅助对焦的作用。

需要注意的是，当外接闪光灯的"自动对焦辅助光发光"被设置为"关闭"时，无论如何设置此菜单，闪光灯都不会发出自动对焦辅助光。

● 启用：选择此选项，闪光灯将会发射自动对焦辅助光。

● 关闭：选择此选项，闪光灯将不发射自动对焦辅助光。

● 只发射 LED 自动对焦辅助光：由搭载 LED 的外接闪光灯发射 LED 自动对焦辅助光。如果外接闪光灯未搭载 LED，则发射相机的自动对焦辅助光。

高手点拨：如果拍摄的是会议或体育比赛等不能被打扰的拍摄对象，应该关闭此功能。在不能使用自动对焦辅助光照明时，如果难于对焦，应选择明暗反差较大的位置进行对焦。

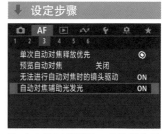

❶ 在**自动对焦菜单 3** 中选择**自动对焦辅助光发光**选项

❷ 点击选择所需的选项，然后点击 SET OK 图标确定

提示音

提示音最常见的作用就是在对焦成功时发出清脆的声音，以便于确认是否对焦成功。除此之外，在开启提示音的状态下自拍时相机会发出提示音。

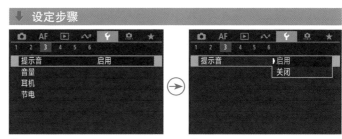

❶ 在**设置菜单 3** 中选择**提示音**选项　　❷ 点击选择**启用**或**关闭**选项

音量及耳机控制

如果在"设置菜单 2"中选择"音量"选项，则可以控制快门、合焦、触摸等声音的音量。

如果选择"耳机"选项，则可控制监听时耳机的音量。

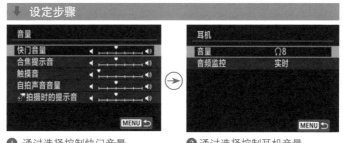

❶ 通过选择控制快门音量　　❷ 通过选择控制耳机音量

手动对焦实现准确对焦

如果在摄影中遇到下面的情况，相机的自动对焦系统往往无法准确对焦，此时应该使用手动对焦功能。但由于不同摄影师的拍摄经验不同，拍摄的成功率也有极大的差别。

- 画面主体处于杂乱的环境中，如拍摄杂草后面的花朵等。
- 画面属于高对比、低反差的画面，如拍摄日出、日落等。
- 在弱光环境下进行拍摄，如拍摄夜景、星空等。
- 拍摄距离太近的题材，如微距拍摄昆虫、花卉等。
- 主体被其他景物覆盖，如拍摄动物园笼子里面的动物、鸟笼中的鸟等。
- 对比度很低的景物，如拍摄蓝天、墙壁等。
- 距离较近且相似程度又很高的题材，如旧照片翻拍等。

▲ 设定方法

将镜头上的对焦模式切换为 MF，即可切换至手动对焦模式

▲ 在拍摄微距题材时，通常使用手动对焦模式以保证画面中的主体能够清晰对焦『焦距：180mm ¦ 光圈：F8 ¦ 快门速度：1/320s ¦ 感光度：ISO400』

Q：图像模糊不聚焦或锐度较低应如何处理？

A：出现这种情况时，可以从以下 3 个方面进行检查。

1. 按快门按钮时相机是否产生了移动？按快门按钮时要确保相机稳定，尤其是拍摄夜景或在黑暗的环境中拍摄时，快门速度应高于正常拍摄条件下的快门速度。应尽量使用三脚架或遥控器，以确保拍摄时相机保持稳定。

2. 镜头和主体之间的距离是否超出了相机的对焦范围？如果超出了相机的对焦范围，应该调整主体和镜头之间的距离。

3. 取景器的自动对焦点是否覆盖了主体？相机会自动对焦取景器中被对焦点覆盖的主体，如果因为主体所处位置致使自动对焦点无法覆盖，可以利用对焦锁定功能来解决。

辅助手动对焦的菜单设置

手动对焦峰值设置

　　峰值是一种用于辅助手动对焦的显示功能，开启此功能后，如果被摄对象对焦清晰，则其边缘会出现标示色彩（通过"颜色"进行设定）轮廓，以方便拍摄者确定。

　　在"级别"选项中可以设置峰值显示的强弱程度，包含"高"和"低"两个级别，分别代表不同的强度，等级越高，颜色标示就越明显。

　　通过"颜色"选项可以设置在开启手动对焦峰值功能时，在被摄对象边缘显示标示峰值的色彩，有"红色""黄色""蓝色"3种颜色选项。在拍摄时，需要根据被摄对象的颜色，选择与主体反差较大的色彩。

高手点拨：使用此功能时，不可以按放大按钮在屏幕上放大观察被拍摄对象，否则峰值颜色将消失。

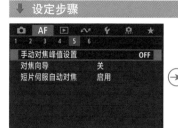

❶ 在**自动对焦菜单 5**中选择**手动对焦峰值设置**选项

❷ 点击选择**峰值**选项

❸ 点击选择**开**或**关**选项

❹ 如果在步骤❷中选择了**级别**选项

❺ 点击选择**高**或**低**选项

❻ 如果在步骤❷中选择了**颜色**选项

❼ 点击选择所需的颜色选项

▲ 开启手动对焦峰值功能后，相机会用指定的颜色将准确合焦的主体边缘轮廓标示出来，如上方示例图所示为蓝色显示的效果

对焦向导

　　"对焦向导"是指示调整手动对焦的一种功能。开启该功能后，可以在屏幕上显示调整对焦的方向和所需调整量的向导框（此时不会显示对焦点）。

　　操作时要根据屏幕提示图标，向前或向后轻微移动相机，直至图标显示为绿色合焦状态。

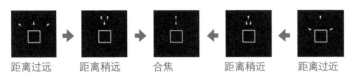

| 距离过远 | 距离稍远 | 合焦 | 距离稍近 | 距离过近 |

高手点拨：在下列情况下不会显示向导框：①将镜头的对焦模式设置为"AF"时；②放大显示时；③在偏移或倾斜TS-E镜头后。

❶ 在**自动对焦菜单5**中选择**对焦向导**选项

❷ 点击选择**开**或**关**选项

▼ 利用"对焦向导"功能辅助对焦，从而获得了清晰的微距照片『焦距：60mm ┊光圈：F6.3 ┊快门速度：1/320s ┊感光度：ISO800』

设置驱动模式以拍摄运动或静止的对象

针对不同的拍摄任务，需要将快门设置为不同的驱动模式。例如，要抓拍高速移动的物体，为了保证成功率，通过设置可以使相机按下一次快门后，能够连续拍摄多张照片。佳能 EOS R6 Mark II 相机提供了单拍□、高速连拍 + □H、高速连拍 □H、低速连拍 □、10 秒自拍/遥控⟲、2 秒自拍/遥控⟲2、自拍定时连拍⟲c等驱动模式，下面分别讲解它们的使用方法。

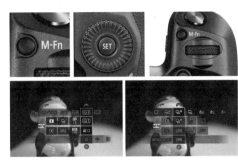

▶ 设定方法

按 M-Fn 按钮，然后转动速控转盘 1 ○选择驱动模式选项，转动主拨盘✐选择不同的驱动模式。也可以按速控按钮 Q，在速控屏幕中设置驱动模式

单拍模式

在此模式下，每次按下快门时，都只拍摄一张照片。单拍模式适合拍摄静态的对象，如风光、建筑、静物等题材。

▲ 适合用单拍驱动模式拍摄的各种题材

连拍模式

连拍模式适合拍摄运动的对象，当将被摄对象的连续动作全部抓拍下来以后，可以从中挑选出比较满意的画面。在连拍模式下，每次按下快门将连续拍摄多张照片。

佳能 EOS R6 Mark II 提供了 3 种连拍模式，"高速连拍 +"模式（▢❒）的最高连拍速度可以达到约 40 张/秒（电子快门）；高速连拍模式（▢H）的最高连拍速度能够达到约 20 张/秒（电子快门），低速连拍模式（▢）的最高连拍速度能达到约 5 张/秒（电子快门）。

但如果使用电子前帘快门或机械快门，上述数值将大幅降低。

▲ 使用连拍驱动模式抓拍小鸟进食的精彩画面

Q：为什么相机能够连续拍摄？

A：因为佳能 EOS R6 Mark II 有临时存储照片的内存缓冲区，因而在记录照片到存储卡的过程中可继续拍摄。受内存缓冲区大小的限制，最多可持续拍摄照片的数量是有限的。

Q：在弱光环境下，连拍速度是否会变慢？

A：连拍速度在以下情况可能变慢：当剩余电量较低时，连拍速度会下降；当开启了防闪烁拍摄、全像素双核 RAW 等功能时，连拍速度会下降；在伺服自动对焦模式下，因主体和使用的镜头不同，连拍速度可能下降；在使用闪光灯拍摄时，连拍速度会下降；当选择了"高 ISO 感光度降噪功能"或在弱光环境下拍摄时，即使设置了较高的快门速度，连拍速度也可能变慢。

Q：连拍时快门为什么会停止释放？

A：在最大连拍数量少于正常值时，如果相机在中途停止连拍，可能是"高 ISO 感光度降噪功能"被设置为"强"导致的，此时应该选择"标准""弱""关闭"选项。因为当启用"高 ISO 感光度降噪功能"时，相机将花费更多的时间进行降噪处理，因此将数据转存到存储空间的耗时会更长，相机在连拍时更容易被中断。

自拍模式

　　佳能 EOS R6 Mark II 相机提供了 3 种自拍模式，可满足不同的拍摄需求。

● 10 秒自拍/遥控 🕐：在此驱动模式下，可以在 10 秒后进行自动拍摄。此驱动模式支持与遥控器搭配使用。

● 2 秒自拍/遥控 🕐2：在此驱动模式下，可以在 2 秒后进行自动拍摄。此驱动模式也支持与遥控器搭配使用。

● 自拍定时连拍 🕐c：在此驱动模式下，可以在 10 秒后自动连拍指定的张数，通过"驱动模式"菜单或在速控屏幕上设定 2-10 张的连拍张数

　　值得一提的是，所谓的"自拍"驱动模式并非只能用于给自己拍照。例如，在需要使用较低的快门速度拍摄时，可以将相机置于一个稳定的位置，并进行变焦、构图、对焦等操作，然后通过设置自拍驱动模式的方式，避免手按快门产生振动，进而拍出满意的照片。

▲ 使用自拍模式能够为自己拍出漂亮的写真照片『焦距：35mm ┊光圈：F2.8 ┊快门速度：1/640s ┊感光度：ISO100』

使用自拍模式可以代替快门线，在长时间曝光拍摄水流时，可以避免手按快门导致画面模糊的情况出现『焦距：24mm ┊光圈：F22 ┊快门速度：1.6s ┊感光度：ISO100』

设置测光模式以获得准确的曝光

要想准确曝光，前提是要做到准确测光。在使用除手动及B门以外的所有曝光模式拍摄时，都需要根据测光模式确定曝光组合。例如，在光圈优先曝光模式下，在指定了光圈及 ISO 感光度数值后，相机可根据不同的测光模式确定不同的快门速度值。

因此，选择正确的测光模式是获得准确曝光的重要前提。

评价测光 ⊙

评价测光是最常用的测光模式，在场景智能自动曝光模式下，相机默认采用的就是评价测光模式。采用该模式测光时，相机会对画面进行平均测光，此模式最适合拍摄日常及风光题材的照片。

值得一提的是，该测光模式在手选单个对焦点的情况下，对焦点可以与测光点联动，即对焦点所在的位置为测光的位置，在拍摄时善于利用这一点，可以为拍摄带来更大的便利。

▶ 设定方法

按 Q 按钮显示速控屏幕，转动速控转盘 1 ◯ 选择测光模式选项，然后转动速控转盘 2 ◌ 或主拨盘 ◌ 选择所需的测光模式选项。也可以在速控屏幕上点击选择

▼ 这是使用评价测光模式拍摄的风景照片，画面中没有明显的明暗对比，可以获得曝光正常的画面效果『焦距：24mm ┊光圈：F14 ┊快门速度：1/2s ┊感光度：ISO100』

中央重点平均测光 []

在中央重点平均测光模式下，测光会偏向取景器的中央部位，但也会同时兼顾其他部分的亮度。由于测光时能够兼顾其他区域的亮度，因此该模式既能实现画面中央区域的精准曝光，又能保留部分背景的细节。

这种测光模式适合拍摄主体位于画面中央位置的场景，如人物、建筑物或背景较亮的逆光对象等。

▲人物处于画面的中心位置，使用中央重点平均测光模式，可以使画面中的主体人物获得准确的曝光『焦距：50mm │光圈：F2.4 │快门速度：1/200s │感光度：ISO400』

局部测光 []

佳能 EOS R6 Mark Ⅱ局部测光的测光区域为覆盖屏幕中央约 5.9% 的区域。当主体占据画面面积较小，而又希望获得准确的曝光时，可以尝试使用该测光模式。

▲使用局部测光模式，以较小的区域作为测光范围，从而获得精确的测光结果『焦距：100mm │光圈：F5 │快门速度：1/500s │感光度：ISO250』

点测光[·]

点测光也是一种高级测光模式，相机只对画面中央区域很小的一部分（也就是屏幕中央约3%的区域）进行测光，当主体和背景的亮度差较大时，最适合使用点测光模式拍摄。

由于点测光的测光面积非常小，因此在实际使用时，可以直接将对焦点设置为中央对焦点，这样就可以实现对焦与测光同步工作了。另外，需要注意的是由于测光区域特别小，因此，如果测光操作错误，得到的曝光参数将会极大地影响照片的明暗。

◀ 使用点测光模式对夕阳周围的天空进行测光，使用逆光将人物拍出剪影效果，增强了画面的形式美感『焦距：70mm ┆ 光圈：F8 ┆ 快门速度：1/2000s ┆ 感光度：ISO200 』

对焦后自动锁定曝光的测光模式

在默认设置下，使用单次自动对焦模式半按快门对焦和测光成功后，在评价测光模式下保持半按快门可以锁定曝光，而在局部测光、中央重点平均测光和点测光 3 种模式下，半按快门并不会锁定曝光。这意味着，在半按快门的情况下，如果调整了构图，此时曝光参数将不再准确。

如果希望半按快门锁定曝光，以便执行调整构图甚至是拍摄场景的操作，则可以在“对焦后自动锁定曝光的测光模式”菜单中，设定每种测光模式在单次自动对焦模式下对焦成功后，半按快门按钮时是否锁定画面曝光（自动曝光锁）。在此菜单中选中某种测光模式，便可以在拍摄时半按快门锁定曝光，并且只要保持半按快门的动作就可以一直锁定曝光。

🔽 设定步骤

❶ 在**自定义功能菜单 2** 中选择**对焦后自动锁定曝光的测光模式**选项

❷ 选择要应用自动曝光锁的测光模式，然后选择**确定**选项

第 4 章

灵活运用曝光模式
拍出好照片

场景智能自动曝光模式

场景智能自动曝光模式在佳能 EOS R6 Mark II 相机的屏幕上显示为 $\boxed{A^+}$。在光线充足的情况下，使用该模式可以拍出效果非常好的照片。在场景智能自动曝光模式下，相机会自动进行对焦，如果拍摄静止的对象，合焦时会显示绿色对焦点并发出提示音；如果拍摄运动的对象，自动对焦点显示为蓝色并且会追踪移动的被摄对象，以便对主体进行持续对焦。

在场景智能自动曝光模式下，快门速度、光圈等参数全部由相机自动设定，拍摄者无法主动控制成像效果。这种曝光模式虽然就是许多摄影高手眼中的"傻瓜"模式，但对摄影初学者来说却具有一定的价值，因此在这种模式下，可以进行题材选择与构图，而无须对曝光参数过多关注。

▶ 设定方法

旋转拨盘至白线对齐 $\boxed{A^+}$ 图标，即选择了场景智能自动曝光模式

13 种特殊场景拍摄模式

对于刚刚开始学习摄影的爱好者，面对不同的拍摄题材，很难较好地设置各种拍摄参数。此时，可以使用相机提供的特殊场景拍摄模式，通过简单地选择匹配自己拍摄对象的场景，即可让相机自动设置好相关参数。

这种模式也可以被认为是上一种"场景智能自动"拍摄模式的细分衍生模式，值得初学者尝试。这 13 种特殊场景分别是人像、微距、合影、食物、风光、夜景人像、全景拍摄、手持夜景、运动、HDR 逆光控制、儿童、静音快门、摇摄。

▶ 设定方法

旋转拨盘至白线对齐 SCN 图标，即选择了特殊场景拍摄模式

高手点拨：如果关闭了"模式指南"菜单，要选择特殊场景模式，只能先按 Q 按钮，然后通过左上角第一个图标进行选择。

◀ 每一种特殊场景拍摄模式，都有相对应的指导说明

高级曝光模式

　　高级曝光模式允许摄影师根据拍摄题材和表现意图自定义大部分甚至全部拍摄参数，从而获得个性化的画面效果。下面分别讲解佳能 EOS R6 Mark II 高级曝光模式的功能及使用技巧。

程序自动曝光模式 P

　　在此模式下，相机会自动获知镜头的焦距和光圈范围，并根据此信息确定最优曝光组合。在使用程序自动曝光模式拍摄时，摄影师仍然可以设置 ISO 感光度、白平衡、曝光补偿等参数。此模式的最大优点是操作简单、快捷，适合拍摄快照或那些不用十分注重曝光控制的场景，如新闻、纪实摄影或进行偷拍、自拍等。

　　在实际拍摄中，相机自动选择的曝光设置未必是最佳组合。例如，摄影师可能认为按此快门速度手持拍摄不够稳定，或者希望选用更大的光圈，此时可以利用程序偏移功能进行调整。

　　在 P 模式下，半按快门按钮，然后转动主拨盘，直到显示所需的快门速度或光圈数值，虽然光圈与快门速度数值发生了变化，但这些数值组合在一起仍然能够获得同样的曝光量。在操作时，如果向右旋转主拨盘，可以获得模糊背景细节的大光圈（低 F 值）或"锁定"动作的高速快门曝光组合；如果向左旋转主拨盘，可以获得增加景深的小光圈（高 F 值）或模糊动作的低速快门曝光组合。

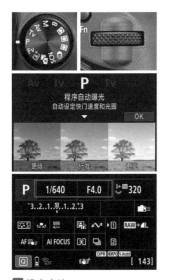

▶ 设定方法

旋转拨盘至白线对齐 P 图标，即选择了程序自动模式。可以通过转动主拨盘 🗘 来选择快门速度和光圈的不同组合

▲ 使用程序自动曝光模式可以及时抓拍旅行中的所见所闻

高手点拨：如果是快门速度"30""和最大光圈闪烁组合，表示曝光不足，此时可以提高ISO感光度或使用闪光灯。

高手点拨：如果是快门速度"1/8000"和最小光圈闪烁组合，表示曝光过度，此时可以降低ISO感光度或使用中灰（ND）滤镜，以减少镜头的进光量。

快门优先曝光模式 Tv

在此拍摄模式下，用户可以转动主拨盘从 30 秒至 1/8000 秒选择所需快门速度，然后相机会自动计算光圈的大小，以获得正确的曝光组合。

较高的快门速度可以凝固动作或移动的主体；较慢的快门速度可以产生模糊效果，从而获得动感效果。

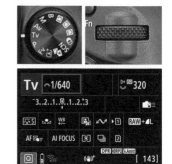

▶ 设定方法

旋转拨盘至白线对齐 Tv 图标，即选择了快门优先模式。在快门优先模式下，用户可以通过转动主拨盘 🖑 来选择快门速度值

高手点拨：如果最大光圈值闪烁，表示曝光不足，需要转动主拨盘设置较低的快门速度，直到光圈值停止闪烁；也可以通过设置一个较高的ISO感光度数值来解决此问题。

▲ 用快门优先曝光模式抓拍到飞鸟的精彩瞬间『焦距：400mm ┊光圈：F5.6 ┊快门速度：1/1600s ┊感光度：ISO500 』

高手点拨：如果最小光圈值闪烁，表示曝光过度，需要转动主拨盘设置较高的快门速度，直到光圈值停止闪烁；也可以通过设置一个较低的ISO感光度数值来解决此问题。

▲ 用快门优先曝光模式将流水拍出如丝般柔顺的效果『焦距：24mm ┊光圈：F16 ┊快门速度：2s ┊感光度：ISO50 』

光圈优先曝光模式 Av

在光圈优先曝光模式下，相机会根据当前设置的光圈大小自动计算出合适的快门速度。使用光圈优先曝光模式可以控制画面的景深，在同样的拍摄距离下，光圈越大，则景深越小，画面中的前景、背景的虚化效果就越好；反之，光圈越小，则景深越大，画面中的前景、背景的清晰度就越高。

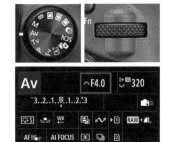

▶ 设定方法

旋转拨盘至白线对齐 Av 图标，即选择了光圈优先模式。在光圈优先模式下，用户可以通过转动主拨盘 来选择光圈值

◀ 使用光圈优先曝光模式并配合大光圈的运用，可以得到非常漂亮的背景虚化效果，这也是人像摄影很常见的一种表现形式『焦距：85mm ┊ 光圈：F2 ┊ 快门速度：1/640s ┊ 感光度：ISO100 』

高手点拨：当光圈过大导致快门速度超过了相机的极限时，如果仍然希望保持该光圈，可以尝试降低ISO感光度，或者使用中灰滤镜减少光线的进入量，从而保证画面曝光准确

◀ 这是使用小光圈拍摄的夜景风光，画面获得了足够大的景深『焦距：17mm ┊ 光圈：F16 ┊ 快门速度：6s ┊ 感光度：ISO100 』

手动曝光模式 M

在手动曝光模式下，所有拍摄参数都需要摄影师手动进行设置。使用此模式拍摄有以下几个优点。

首先，在使用 M 挡手动曝光模式拍摄时，当摄影师设置好恰当的光圈和快门速度数值后，即使移动镜头进行再次构图，光圈与快门速度的数值也不会发生变化。

其次，在使用其他曝光模式拍摄时，往往需要根据场景的亮度，在测光后进行曝光补偿操作；而在 M 挡手动曝光模式下，由于光圈与快门速度的数值都是由摄影师设定的，因此在设定的同时就可以将曝光补偿考虑在内，从而省略了曝光补偿的设置过程。因此，在手动曝光模式下，摄影师可以按照自己的想法使影像曝光不足，以使照片显得较暗，给人以忧伤的感觉；或者使影像稍微过曝，从而拍摄出明快的高调照片。

另外，当在摄影棚拍摄并使用了频闪灯或外置非专用闪光灯时，由于无法使用相机的测光系统，需要使用测光表或通过手动计算来确定正确的曝光值，此时就需要手动设置光圈和快门速度，从而实现正确的曝光。

▶ 设定方法

旋转拨盘至白线对齐选择 M 图标，即选择了手动模式。在手动曝光模式下，转动主拨盘 ⬠ 可以调节快门速度值，转动速控转盘 1 ○ 可以调节光圈值，转动速控转盘 2 ⬡ 可以调节感光度值

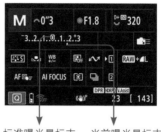

标准曝光量标志　当前曝光量标志

高手点拨： 在改变曝光参数时，曝光量标志会左右移动，当曝光量标志位于标准曝光量标志的位置时，能获得相机认为的相对准确的曝光，但这有可能并不是摄影师需要的曝光量，所以拍摄时曝光标志不必完全居中。

▲ 在影楼中拍摄人像时经常使用全手动曝光模式，由于光线稳定，基本上不需要调整光圈和快门速度，只需改变焦距和构图即可

灵活优先曝光模式 Fv

在灵活优先曝光模式下，既可以将快门速度、光圈值和ISO感光度设置为由相机自动计算，也可以由用户根据当前拍摄需求灵活地手动调节，并且可以与曝光补偿组合搭配。通过分别控制这些参数，相当于在此模式下，可以执行与 P、Tv、Av、M 模式一样的拍摄操作，非常灵活、方便，适用于多样性的拍摄场景。

下表为灵活优先曝光模式中的功能组合。

▶ 设定方法

旋转拨盘至白线对齐 Fv 图标，即选择了灵活优先曝光模式。在灵活优先曝光模式下，用户可以通过转动速控转盘 2 来选择快门速度、光圈、ISO 感光度或曝光补偿 4 个项目，然后转动主拨盘选择所需的数值。若要将所选项目设置为 AUTO 或曝光补偿为 ±0，则按 按钮

快门速度	光圈值	ISO 感光度	曝光补偿	曝光模式
AUTO	AUTO	AUTO	可用	相当于P模式
		手动选择		
手动选择	AUTO	AUTO	可用	相当于Tv模式
		手动选择		
AUTO	手动选择	AUTO	可用	相当于Av模式
		手动选择		
手动选择	手动选择	AUTO	可用	相当于M模式
		手动选择	—	

◀ 在旅拍时，可以切换到灵活优先曝光模式，以便随时根据拍摄场景更改设置『焦距：35mm ┊光圈：F8 ┊快门速度：1/20s ┊感光度：ISO100』

B 门曝光模式

　　B 门曝光模式在佳能 EOS R6 Mark II 相机的屏幕上显示为 "BULB"。将模式设置为 BULB 后，注视屏幕的同时转动主拨盘 设置所需的光圈值，持续地完全按下快门按钮将使快门一直处于打开状态，直到松开快门按钮后才关闭，即完成整个曝光过程，因此曝光时间取决于快门按钮被按下与被释放的过程。

　　由于使用这种曝光模式拍摄时，可以持续地长时间曝光，因此特别适合拍摄天体、焰火等需要长时间曝光并手动控制曝光时间的题材。

　　需要注意的是，使用 B 门模式拍摄时，为了避免所拍摄的照片模糊，应该使用三脚架及遥控快门线辅助拍摄。若不具备条件，至少也要将相机放置在平稳的水平面上。

　　在使用佳能 EOS R6 Mark II 相机的 B 门模式拍摄时，可以在 "B 门定时器" 菜单中预设 B 门曝光的曝光时间。

　　使用此菜单的优点是可以省去一根普通的快门线，预设好拍摄所需的曝光时间后，按下快门按钮将开始曝光。在曝光期间可以松手而不需要按住快门，当曝光达到所设定的时间后，则结束拍摄。

▶ 设定方法

旋转拨盘至白线对齐 BULB 图标，即选择了 B 门曝光模式。在 B 门模式下，用户可以转动主拨盘 选择光圈值

❶ 在**拍摄菜单 7** 中选择 **B 门定时器**选项

❷ 点击选择**启用**选项，然后点击 `INFO 详细设置` 图标进入调节曝光时间界面

❸ 点击选择所需的数字框，然后点击 ▲ 或 ▼ 图标选择数值

❹ 设定完成后点击选择**确定**选项

◀ 用 B 门拍摄车轨、云雾与瀑布

自定义拍摄模式（C）

佳能 EOS R6 Mark Ⅱ相机提供了 3 个自定义拍摄模式，即 C1、C2 和 C3。在这种模式下，相机会使用用户自定义的拍摄参数进行拍摄，可自定义的拍摄参数包括拍摄模式、ISO 感光度、自动对焦模式、自动对焦点、测光模式、图像画质和白平衡等。

可以事先将这些拍摄参数设置好，以应对某一特定的拍摄题材。例如，若经常需要拍摄夜景，则可以将拍摄模式设置为 B 门、开启长时间曝光降噪功能、将色温调整至 2800K。这样就能够轻松地拍出画面纯净、灯光璀璨的蓝调夜景，并将这些参数定义给 C1。下次再拍摄同样的场景时，只需切换至 C1 曝光模式，即可调出这组参数。

▶ 设定方法

旋转模式拨盘至白线对准 C1 ~ C3 图标，即选择了自定义拍摄模式

注册自定义拍摄模式

在注册时，先在相机中设定要注册到 C 模式的各种拍摄参数，如拍摄模式、曝光组合、自动对焦模式、自动对焦点、测光模式、驱动模式、曝光补偿量和闪光补偿量等。然后按右图所示的操作步骤进行操作即可。

⬇ 设定步骤

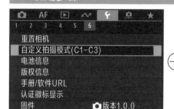

❶ 在**设置菜单 6** 中选择**自定义拍摄模式（C1~C3）**选项

❷ 点击选择**注册设置**选项

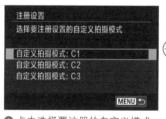

❸ 点击选择要注册的自定义模式

❹ 点击选择**确定**选项

清除设置

如果要重新设置 C 模式注册的参数，可以先将其清除，其操作方法如右图所示。

⬇ 设定步骤

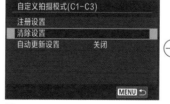

❶ 在**设置菜单 6** 中，选择**自定义拍摄模式（C1~C3）**选项，然后点击选择**清除设置**选项

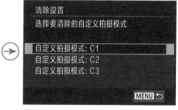

❷ 点击选择要清除设置的模式

自动更新设置

选择"启用"选项，则在使用自定义拍摄模式时，用户修改的参数将自动保存至当前的自定义拍摄模式中。

高手点拨：对于拍摄固定题材的摄影工作室，建议将此选项设置为"关闭"。

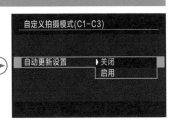

❶ 在**设置菜单 6** 中，选择在**自定义拍摄模式（C1~C3）**选项，然后点击选择**自动更新设置**选项

❷ 点击选择**关闭**或**启用**选项

混合式自动曝光模式

这是一个有些新意的功能，可以得到当日拍摄现场的花絮视频。实现的原理是当开启此功能后，每次拍摄照片前，相机会自动录制 2~4 秒短视频，并依次将这些短视频拼接成为一个花絮视频。因此，此功能实际上是使用了相机的预录制功能。但开启此功能后，相机的耗电速度会加快，因为要额外录制视频。

如果要获得效果更理想的视频，每次拍摄静止的照片要保持相机处于稳定状态至少 5 秒。

另外，可以通过"摘要类型"菜单命令来决定最终的视频中是否包含每次拍摄的静止图像。

▶ 设定方法
旋转拨盘至白线对齐图标，然后转动主拨盘选择混合式自动曝光拍摄模式

❶ 在**设置菜单 4** 中，选择**摘要类型**选项

❷ 点击选择**包括静止图像**或**无静止图像**选项

10 种创意滤镜拍摄模式

创意滤镜拍摄模式的作用是通过前期拍摄来直接得到特效图像，例如，可以将一个场景拍摄成为微缩景观效果，或者在拍摄人像时使用"柔焦"模式来获得类似于磨皮的效果。10 种特殊创意滤镜包括颗粒黑白、微缩景观效果、柔焦、鱼眼效果、水彩画效果、玩具相机效果、HDR 标准绘画风格、HDR 浓艳绘画风格、HDR 油画风格、HDR 浮雕画风格。

▶ 设定方法
旋转拨盘至白线对齐图标，然后转动主拨盘选择创意滤镜拍摄模式

第 5 章

拍出佳片必须掌握
的高级曝光技巧

通过直方图判断曝光是否准确

直方图的作用

直方图是相机曝光时所捕获的影像色彩或影调的信息，是一种能够反映照片曝光情况的图示。通过查看直方图所呈现的信息，可以帮助拍摄者判断曝光情况，并以此做出相应调整，从而得到最佳曝光效果。

很多摄影师都会陷入这样一个误区，在显示屏上看到的影像很棒，便以为真正的曝光结果也会不错，但事实并非如此。这是由于很多相机的显示屏处于出厂时的默认状态，显示屏的对比度和亮度都比较高，使摄影师误以为拍摄到的影像很漂亮，倘若不看直方图，往往会感觉画面的曝光刚好合适。但在计算机屏幕上观看时，却发现在相机上查看时感觉还不错的画面，暗部层次却丢失了，即使使用后期处理软件挽回了部分细节，效果也不是太好。

因此，在拍摄时要随时查看照片的直方图，这是唯一一个值得信赖的判断照片曝光是否正确的依据。

▶ 设定方法

在拍摄时若要显示直方图，通过连续按 INFO 按钮直至切换到直方图显示界面

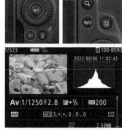

▶ 设定方法

按播放按钮并转动速控转盘选择照片，然后按 INFO 按钮切换至拍摄信息显示界面，即可查看照片的直方图，按向▼多功能控制钮可以查看 RGB 直方图

直方图呈现出山峰一样的形态，主峰位于中间，且不存在死黑或死白的区域，说明此照片为曝光正常的图像『焦距：50mm ┊光圈：F11 ┊快门速度：1/100s ┊感光度：ISO100』

高手点拨：直方图只是评价照片曝光是否准确的重要依据，而不是评价好照片的依据。在特殊的表现形式下，曝光过度或曝光不足都可以呈现出独特的视觉效果，因此不能以此作为评价照片优劣的标准。

利用直方图分区判断曝光情况

直方图的横轴表示亮度等级（从左至右对应从黑到白）；纵轴表示图像中各种亮度像素数量的多少，峰值越高，表示这个亮度的像素数量越多。所以，拍摄者可以通过观看直方图的显示状态来判断照片的曝光情况。

下面这张图标示出了直方图每个分区和图像亮度之间的关系，像素堆积在直方图左侧或右侧的边缘则意味着部分图像超出了直方图范围。其中，右侧边缘出现黑色线条表示照片中有部分像素曝光过度，摄影师需要根据情况调整曝光参数，以避免照片中出现大面积曝光过度的区域。如果第 8 分区或更高的分区有大量黑色线条，代表图像有部分较亮的高光区域，而且这些区域是有细节的。

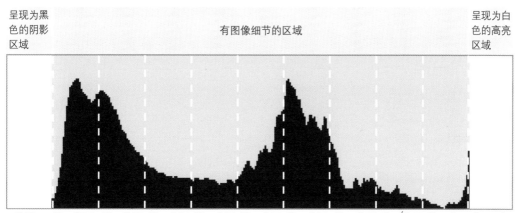

▲ 数码相机的区域系统

分区序号	说明	分区序号	说明
0分区	黑色	第6分区	色调较亮、色彩柔和
第1分区	接近黑色	第7分区	明亮、有质感，但是色彩有些苍白
第2分区	有些许细节	第8分区	有少许细节，但基本上呈模糊、苍白的状态
第3分区	灰暗、细节呈现效果不错，但是色彩比较模糊	第9分区	接近白色
第4分区	色调和色彩都比较暗	第10分区	纯白色
第5分区	中间色调、中间色彩		

▲ 直方图分区说明表

需要注意的是，0 分区和第 10 分区分别代表黑色和白色，虽然在直方图中的区域大小与第 1~9 区相同，但实际上它只是代表直方图最左边（黑色）和最右边（白色），没有限定的边界。

认识 3 种典型的直方图

曝光过度的直方图

当照片曝光过度时，画面中会出现大片白色的区域，很多细节都已丢失，反映在直方图上就是像素主要集中于横轴的右端（最亮处），并出现像素溢出现象，即高光溢出；而左侧较暗的区域则没有像素分布，因而该照片在后期无法补救。

▲ 曝光过度

曝光准确的直方图

当照片曝光准确时，画面的影调较为均匀，且高光、暗部和阴影处均没有细节丢失，反映在直方图上就是在整个横轴上从左端（最暗处）到右端（最亮处）都有像素分布，后期可调整余地较大。

▲ 曝光准确

曝光不足的直方图

当照片曝光不足时，画面中会出现没有细节的黑色区域，丢失了过多的暗部细节，反映在直方图上就是像素主要集中于横轴的左端（最暗处），并出现像素溢出现象，即暗部溢出，而右侧较亮区域少有像素分布，故该照片在后期也无法补救。

▲ 曝光不足

设置曝光补偿让曝光更准确

曝光补偿的含义

相机的测光是基于 18% 中性灰建立的。由于单反相机的测光主要是由景物的平均反光率决定的，而除了反光率比较高的场景（如雪景、云景等）及反光率比较低的场景（如煤矿、夜景等），其他大部分场景的平均反光率都在 18%，这一数值正是灰度为 18% 的物体的反光率。因此，可以简单地将相机的测光原理理解为：当所拍摄场景中被摄物体的反光率接近于 18% 时，相机就会做出正确的测光。

所以，在一些极端环境中拍摄时，如较亮的白雪场景或较暗的弱光环境，相机的测光结果就是错误的，此时就需要摄影师通过调整曝光补偿来得到想要的拍摄结果，如下图所示。

通过调整曝光补偿数值，可以改变照片的曝光效果，从而使拍摄出来的照片正确地传达出摄影师的表现意图。例如，通过增加曝光补偿，使照片轻微曝光过度以得到柔和的色彩与浅淡的阴影，赋予照片轻快、明亮的效果；或者通过减少曝光补偿，使照片变得阴暗。

曝光补偿用类似"±nEV"的方式来表示。"+1EV"是指在自动曝光的基础上增加 1 挡曝光，"-1EV"是指在自动曝光的基础上减少 1 挡曝光。

▶ 设定方法
在 P、Tv、Fv、Av、M 模式下，半按快门按钮并查看曝光量指示标尺，然后转动速控转盘 1 ○ 即可调节曝光补偿值

高手点拨：在 M 手动曝光模式下，只有当将感光度设置为"AUTO（自动感光度）"时，才需调整曝光补偿值

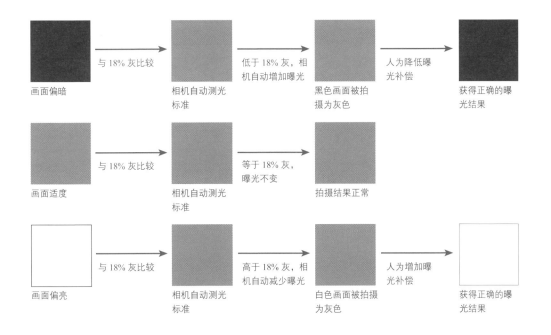

正确理解曝光补偿

许多摄影初学者在刚接触曝光补偿时，以为使用曝光补偿就可以在曝光参数不变的情况下，提亮或压暗画面，这个想法是错误的。

实际上，曝光补偿是通过改变光圈或快门速度来提亮或压暗画面的。即在光圈优先曝光模式下，如果想要增加曝光补偿，相机实际上是通过降低快门速度来实现的；想要减少曝光补偿，则通过提高快门速度来实现。

在快门优先曝光模式下，如果想要增加曝光补偿，相机实际上是通过增大光圈来实现的（当光圈达到镜头所标示的最大光圈时，曝光补偿就不再起作用）；想要减少曝光补偿，则通过缩小光圈来实现。

下面通过展示两组照片及其拍摄参数来佐证这一点。

▲ 焦距：50mm 光圈：F3.2 快门速度：1/8s 感光度：ISO100 曝光补偿：－0.3

▲ 焦距：50mm 光圈：F3.2 快门速度：1/6s 感光度：ISO100 曝光补偿：0

▲ 焦距：50mm 光圈：F3.2 快门速度：1/4s 感光度：ISO100 曝光补偿：+0.3

▲ 焦距：50mm 光圈：F3.2 快门速度：1/2s 感光度：ISO100 曝光补偿：+0.7

从上面展示的 4 张照片中可以看出，在光圈优先曝光模式下，调整曝光补偿实际上是改变了快门速度。

▲ 焦距：50mm 光圈：F4 快门速度：1/4s 感光度：ISO100 曝光补偿：－0.3

▲ 焦距：50mm 光圈：F3.5 快门速度：1/4s 感光度：ISO100 曝光补偿：0

▲ 焦距：50mm 光圈：F3.2 快门速度：1/4s 感光度：ISO100 曝光补偿：+0.3

▲ 焦距：50mm 光圈：F2.5 快门速度：1/4s 感光度：ISO100 曝光补偿：+0.7

从上面展示的 4 张照片中可以看出，在快门优先曝光模式下，调整曝光补偿实际上是改变了光圈大小。

Q：为什么有时即使不断增加曝光补偿，所拍摄出来的画面仍然没有变化？

A：发生这种情况，通常是因为曝光组合中的光圈值已经达到了镜头的最大光圈限制。

使用包围曝光拍摄光线复杂的场景

包围曝光是指通过设置一定的曝光变化范围，然后分别拍摄曝光不足、曝光正常与曝光过度 3 张照片的拍摄技法。例如，将其设置为 ±1EV 时，即代表分别拍摄减少 1 挡曝光、正常曝光和增加 1 挡曝光的照片，从而兼顾画面的高光、中间调及暗部区域的细节。佳能 EOS R6 Mark II 相机支持在 ±3EV 之间以 1/3 级为单位调节包围曝光。

什么情况下应该使用包围曝光

如果拍摄现场的光线很难把握，或者拍摄的时间很短暂，为了避免曝光不准确而失去这次难得的拍摄机会，可以使用包围曝光功能确保万无一失。此时可以设置包围曝光，使相机针对同一场景连续拍摄出 3 张曝光量略有差异的照片。每一张照片曝光量具体相差多少，可由摄影师自己确定。在具体拍摄过程中，摄影师无须调整曝光量，相机将根据设置自动在第一张照片的基础上增加、减少一定的曝光量拍摄出另外两张照片。

按此方法拍摄出来的 3 张照片，总会有一张是曝光相对准确的照片，因此使用包围曝光功能可以提高拍摄的成功率。

自动包围曝光设置

默认情况下，使用包围曝光功能可以（按 3 次快门或使用连拍功能）拍摄 3 张照片，得到增加曝光量、正常曝光量和减少曝光量 3 种不同曝光结果的照片。

设定步骤

 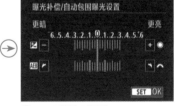

❶ 在**拍摄菜单 2** 中选择**曝光补偿/AEB** 选项

❷ 点击 ➕ 或 ➖ 图标设置曝光补偿量，并以此为基础设置包围曝光的曝光量

❸ 点击 或 图标设置自动包围曝光值，设置完成后，点击 图标确定

为合成 HDR 照片拍摄素材

对于风光、建筑等题材，可以使用包围曝光功能拍摄出不同曝光等级的照片，并在后期进行 HDR 合成，从而得到高光、中间调及暗部都具有丰富细节的照片。

▶ 利用 HDR 素材合成出有丰富细节的照片

设置自动包围曝光的拍摄顺序

"包围曝光顺序"菜单用于设置自动包围曝光和白平衡包围曝光的顺序。

选择一种顺序后,拍摄时将按照这一顺序进行拍摄。在实际拍摄中,更改包围曝光顺序并不会对拍摄结果产生影响,用户可以根据自己的习惯进行设置。

● 0,-,+:选择此选项,相机就会按照第一张标准曝光量、第二张减少曝光量、第三张增加曝光量的顺序进行拍摄。

● -,0,+:选择此选项,相机就会按照第一张减少曝光量、第二张标准曝光量、第三张增加曝光量的顺序进行拍摄。

↓ 设定步骤

❶ 在**自定义功能菜单1**中选择**包围曝光顺序**选项

❷ 点击选择包围曝光的顺序,然后点击 SET OK 图标确定

● +,0,-:选择此选项,相机就会按照第一张增加曝光量、第二张标准曝光量、第三张减少曝光量的顺序进行拍摄。

如果开启了白平衡包围功能,则选择不同拍摄顺序时所拍出的照片效果如下表所示。

自动包围曝光	白平衡包围曝光	
	B/A 方向	M/G 方向
0:标准曝光量	0:标准白平衡	0:标准白平衡
-:减少曝光量	-:蓝色偏移	-:洋红色偏移
+:增加曝光量	+:琥珀色偏移	+:绿色偏移

设置包围曝光的拍摄数量

在佳能 EOS R6 Mark II 相机中,进行自动包围曝光及白平衡包围曝光拍摄时,可以在"包围曝光拍摄数量"菜单中指定要拍摄的数量。

一般情况下选择 3 张即可,但如果希望获得更丰富的素材,也可以选择 7 张,并在拍摄时使用高速连拍模式,从而一次拍出 7 张曝光等级不同的素材照片。

▶ 利用 HDR 素材合成出有丰富细节的逆光风光照片

 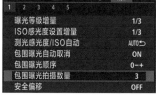 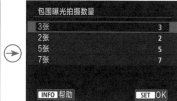

↓ 设定步骤

❶ 在**自定义功能菜单1**中选择**包围曝光拍摄数量**选项

❷ 点击选择所需的拍摄数量,然后点击 SET OK 图标确定

利用 HDR 模式直接拍出 HDR 照片

　　HDR 模式的原理是通过连续拍摄正常曝光量、增加曝光量及减少曝光量等 3 张影像，然后由相机进行高动态影像合成，从而获得暗调、中间调与高光区域都具有丰富细节的照片，甚至还可以获得类似油画、浮雕画等特殊的影像效果。

调整动态范围

　　如果要拍摄的场景是风光或静物，则要选择"动态范围"。

- 关：选择此选项，将禁用 HDR 模式。
- 自动：选择此选项，将由相机自动判断合适的动态范围，然后以适当的曝光增减量进行拍摄并合成。
- ±1 ～ ±3：选择 ±1、±2 或 ±3 选项，可以指定合成时的动态范围，即分别拍摄正常、增加和减少 1/2/3 挡曝光的图像，并进行合成。

设定步骤

❶ 在**拍摄菜单 2** 中选择 HDR **模式**选项　　　❷ 点击选择**动态范围**选项　　　❸ 点击选择 HDR 的动态范围

移动被摄体

　　如果要拍摄的场景中有移动的被拍摄对象，则要选择"移动被摄体"选项。

　　在拍摄过程中，相机将针对移动被摄体分别拍摄曝光程度不同的照片，并最终合成在一张 HDR 效果照片中。

　　如果此照片最终将显示在支持显示超过 1000 尼特亮度的显示器上，则要选择"关闭"选项，否则选择"1000尼特"选项以限制最终照片亮度。要开启"限制最大亮度"选项，需要开启"HDR 拍摄 HDR PQ"功能。

设定步骤

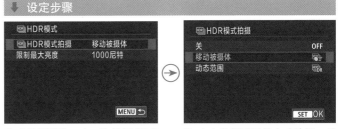

❶ 在**拍摄菜单 2** 中，选择 HDR **模式**中的**效果**选项　　　❷ 点击选择不同的合成效果，然后点击 SET OK 图标确定

❶ 在**拍摄菜单 2** 中，选择 HDR **模式**中的**限制最大亮度**选项

❷ 点击选择亮度选项

连续 HDR

选择此选项后可以设置是否连续多次使用 HDR 模式。

● 仅限 1 张：选择此选项，将在拍摄完成一张 HDR 照片后，自动关闭此功能。

● 每张：选择此选项，将一直保持 HDR 模式的开启状态，直至摄影师手动将其关闭为止。

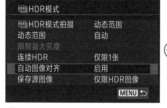

❶ 在**拍摄菜单 2** 的 HDR 模式中，选择**连续 HDR** 选项

❷ 点击选择**仅限 1 张**或**每张**选项

自动图像对齐

在拍摄 HDR 照片时，即使用连拍模式，也不能确保每张照片都是完全对齐的，手持相机拍摄时更容易出现图像之间错位的现象，此时可以在此选项中进行设置。

● 启用：选择此选项，在合成 HDR 图像时，相机会自动对齐各个图像，因此在拍摄 HDR 图像时，建议启用"自动图像对齐"功能。

❶ 在**拍摄菜单 2** 的 HDR 模式选项下，选择**自动图像对齐**选项

❷ 点击选择**启用**或**关闭**选项

● 关闭：选择此选项，将关闭"自动图像对齐"功能，若拍摄的 3 张照片中有位置偏差，则合成后的照片可能出现重影现象。

保存源图像

选择"保护源图像"选项后，可以设置是否将拍摄的多张不同曝光程度的单张照片也保存至存储卡中。

● 所有图像：选择此选项，相机会将所有的单张曝光照片及最终的合成结果全部保存到存储卡中。

● 仅限 HDR 图像：选择此选项，将不保存单张曝光的照片，仅保存 HDR 合成图像。

❶ 在**拍摄菜单 2** 的 HDR 模式选项下，选择**保存源图像**选项

❷ 点击选择**所有图像**或**仅限 HDR 图像**选项

利用曝光锁定功能锁定曝光值

利用曝光锁定功能可以在测光期间锁定曝光值。此功能的作用是，允许摄影师针对某一个特定区域进行对焦，而对另一个区域进行测光，从而拍摄出曝光正常的照片。

佳能 EOS R6 Mark Ⅱ 相机的曝光锁定按钮在机身上显示为"✳"。使用曝光锁定功能的方便之处在于，即使松开半按快门的手，重新进行对焦、构图，只要按住曝光锁定按钮，那么相机还是会以刚才锁定的曝光参数进行曝光。

进行曝光锁定的操作方法如下。

❶ 对准选定区域进行测光，如果该区域在画面中所占比例很小，则应靠近被摄物体，使其充满屏幕的中央区域。

❷ 半按快门，此时在屏幕中会显示一组光圈和快门速度组合数据。

❸ 按下曝光锁定按钮✳，释放快门，相机会记住刚刚得到的曝光值。

❹ 在保持按住曝光锁定按钮的状态下，重新取景构图，完全按下快门即可完成拍摄。

高手点拨：默认设置下，只有保持按下✳按钮才锁定曝光，否则，8秒或16秒后（此时间由"测光定时器"确定），曝光锁定就会失效，在重新构图时有时显得不方便，此时可以在"自定义按钮"菜单中，将"自动曝光锁按钮"的功能指定为"自动曝光锁（保持）"选项，这样就可以按下✳按钮锁定曝光，当再次按下✳按钮时即可解除锁定曝光，摄影师可以更灵活、方便地改变焦距构图或切换对焦点的位置。

▲ 先对人物的面部进行测光，锁定曝光并重新构图后再进行拍摄，从而保证面部获得正确的曝光『焦距：135mm ┊光圈：F4┊快门速度：1/400s┊感光度：ISO100』

▲佳能 EOS R6 Mark Ⅱ 相机的曝光锁定按钮

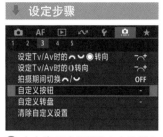

❶ 在**自定义功能菜单 3**中选择**自定义按钮**选项

❷ 点击选择✳（自动曝光锁按钮）选项

❸ 点击选择✳н**自动曝光锁（保持）选项，然后点击 SET OK 图标确定

▲ 使用长焦镜头对人物面部进行测光示意图

利用自动亮度优化表现高光与阴影细节

通常在拍摄光比较大的画面时容易丢失细节，最终画面中会出现亮部过亮、暗部过暗或明暗反差较大的情况，此时就可以启用"自动亮度优化"功能对其进行不同程度的校正。

例如，在直射明亮的阳光下拍摄时，拍出的照片中容易出现较暗的阴影与较亮的高光区域，启用"自动亮度优化"功能，可以确保拍出的照片中的高光区域和阴影区域的细节不会丢失。因为此功能会使照片的曝光稍欠一些，有助于防止照片的高光区域完全变白而显示不出任何细节，同时还能够避免因为曝光不足而使阴影区域中的细节丢失。

在佳能 EOS R6 Mark II 相机中，可以通过"在 M 或 B 模式下关闭"选项，控制使用 M 挡全手动曝光模式和 B 门曝光模式拍摄时，是否禁用"自动亮度优化"功能。如果按下**INFO.**按钮取消此选项前面的√号，则允许在 M 挡全手动曝光模式和 B 门曝光模式下设置不同的自动亮度优化选项。

除了使用右侧展示的菜单设置此功能，还可以用右下方展示的速控屏幕对此功能进行设置。

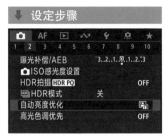

❶ 在**拍摄菜单 2** 中选择**自动亮度优化**选项

❷点击选择不同的优化强度，点击 INFO 图标可选中或取消选中**在 M 或 B 模式下关闭**选项，选择完成后点击 SET OK 图标确定

▶ 设定方法

按 Q 按钮显示速控屏幕，使用速控转盘 1 ○ 选择"自动亮度优化"选项，然后转动主拨盘 ⌒ 或速控转盘 2 ○ 选择不同的优化强度。也可以在速控屏幕中，点击选择"自动亮度优化"选项进行设置

▲ 启用"自动亮度优化"功能后，画面中的高光区域与阴影区域的细节表现较为丰富『焦距：24mm ┊ 光圈：F5.6 ┊ 快门速度：1/125s ┊ 感光度：ISO200』

利用高光色调优先提升高光区域细节

"高光色调优先"功能可以有效提升高光区域的细节，使灰度与高光之间的过渡更加平滑。这是因为开启这一功能后，可以使拍摄时的动态范围从标准的18%灰度扩展到高光区域。

然而，在使用该功能拍摄时，画面中的噪点可能更加明显，相机可以设置的 ISO 感光度范围也变为 ISO200 ~ ISO51200。

▲ 使用"高光色调优先"功能可将画面的过渡表现得更加自然、平滑『焦距：85mm ┆ 光圈：F2.8 ┆ 快门速度：1/500s ┆ 感光度：ISO400』

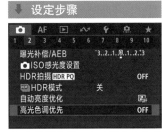

① 在**拍摄菜单 2** 中选择**高光色调优先**选项

② 点击选择**关闭**、**启用**或**增强**选项，然后点击 SET OK 图标确定

▲ 这两张图是启用"高光色调优先"功能前后拍摄的局部画面对比。从中可以看出，启用此功能后，可以很好地表现出画面高光区域的细节

利用多重曝光获得蒙太奇画面

利用佳能 EOS R6 Mark II 相机的"多重曝光"功能，可以进行 2~9 次曝光拍摄，并将多次曝光拍摄的照片合并为一张图像。当启用了"HDR PQ 设置"功能时，多重曝光模式不可用。

开启或关闭多重曝光

"多重曝光"菜单用于控制是否启用"多重曝光"功能，以及启用此功能后是否可以在拍摄过程中对相机进行操作等。

设定步骤

❶ 在**拍摄菜单 6** 中选择**多重曝光**选项

❷ 点击选择**多重曝光**选项

❸ 点击选择一个选项即可

- 开（功能/控制）：选择此选项，将允许一边检查拍摄效果，一边逐步拍摄多重曝光。在连拍时比较方便，不过在连拍期间，连拍速度会显著下降。
- 开（连拍）：此选项较适合对动态对象进行多重曝光时使用，可以进行连拍。但无法执行观看菜单、拍摄后的图像确认、图像回放和取消最后一张图像等操作，并且拍摄的单张图像也会被弃用，而只保存多重曝光图像。

改变多重曝光照片的叠加合成方式

在"多重曝光控制"菜单中可以选择合成多重曝光照片时的算法，包括"加法""平均""明亮""黑暗"4个选项。

- 加法：选择此选项，每一次拍摄的单张曝光的照片会被叠加在一起。基于"曝光次数"设定负的曝光补偿，2 次曝光为－1 级，3 次曝光为－1.5 级，4 次曝光为－2 级。
- 平均：选择此选项，将在每次拍摄单张曝光的照片时，自动控制背景的曝光，

❶ 在**拍摄菜单 6** 中选择**多重曝光**选项，然后再选择**多重曝光控制**选项

❷ 点击可选择多重曝光的控制方式

以获得标准的曝光结果。

- 明亮：选择此选项，会将多次曝光结果中明亮的图像保留在照片中。例如，在拍摄月亮时，选择此选项可以获得明月高悬于夜幕上空的画面。
- 黑暗：此选项的功能与"明亮"选项刚好相反，可以在拍摄时将多次曝光结果中暗调的图像保留下来。

设置多重曝光次数

在"曝光次数"菜单中，可以设置多重曝光拍摄时的曝光次数，可以选择 2 ~ 9 张进行拍摄。通常情况下，2 ~ 3 次曝光就可以满足绝大部分的拍摄需求。

高手点拨：设置的张数越多，合成的画面中噪点也越多。

① 在**拍摄菜单 6** 中选择**多重曝光**选项，再选择**曝光次数**选项

② 点击 ▲ 或 ▼ 图标可选择不同的曝光次数，然后点击 SET OK 图标确定

保存源图像

在"保护源图像"菜单中可以设置是否将多次曝光时的单张照片也保存至存储卡中。

- 所有图像：选择此选项，相机会将所有的单张曝光照片及最终的合成结果全部保存到存储卡中。
- 仅限结果：选择此选项，将不保存单张的照片，而仅保存最终的合成结果。

① 在**拍摄菜单 6** 中选择**多重曝光**选项，然后再选择**保存源图像**选项

② 点击选择**所有图像**或**仅限结果**选项

连续多重曝光

在"连续多重曝光"菜单中可以设置是否连续多次使用"多重曝光"功能。

- 仅限 1 张：选择此选项，将在完成一次多重曝光拍摄后，自动关闭此功能。
- 连续：选择此选项，将一直保持多重曝光功能的开启状态，直至摄影师手动将其关闭为止。

① 在**拍摄菜单 6** 中选择**多重曝光**选项，再选择**连续多重曝光**选项

② 点击选择**仅限 1 张**或**连续**选项

利用对焦包围拍摄获得全景深照片

在拍摄静物商品，如淘宝商品时，一般需要画面内容全部清晰，但有时即使缩小光圈，也不能保证画面中每个部分的清晰度都一样。此时，可以全景深拍摄，然后通过后期处理得到画面全部清晰的照片。

全景深是指画面的每一处都是清晰的，

要想得到全景深照片，可以先拍摄多张针对不同位置对焦的照片，再利用后期处理软件进行合成。或者用佳能 EOS R6 Mark II 相机的对焦包围拍摄功能直接拍摄全景深合成照片。

⬇ 设定步骤

❶ 在**拍摄菜单 6** 中选择**对焦包围拍摄**选项

❷ 选择**对焦包围拍摄**选项

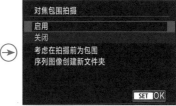

❸ 选择**启用**选项，然后点击 SET OK 图标确定

❹ 如果在步骤❷的界面中选择了**拍摄张数**选项，在此界面中选择所需的拍摄张数，设定好后选择**确定**选项

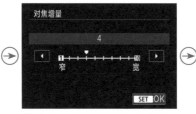

❺ 如果在步骤❷的界面中选择了**对焦增量**选项，在此界面中指定对焦偏移的程度，然后点击 SET OK 图标确定

❻ 如果在步骤❷的界面中选择了**曝光平滑化**选项，在此界面中可以选择**启用**或**关闭**选项

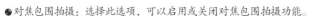

- 对焦包围拍摄：选择此选项，可以启用或关闭对焦包围拍摄功能。
- 拍摄张数：可以选择拍摄张数，最高可设为 999 张，根据所拍摄的画面的复杂程度选择合适的拍摄张数即可。
- 对焦增量：指定每次拍摄中的对焦偏移量。点击◀图标向窄端移动游标，可以缩小焦距步长；点击▶图标向宽端移动游标，可以增加焦距步长。
- 曝光平滑化：选择"启用"选项，可以调整因改变对焦位置使用的实际光圈值带来的曝光差异，抑制对焦包围拍摄期间画面的亮度变化。
- 深度合成：选择"启用"选项，可以直接在相机内部合成出全景深照片，同时保存所拍摄的素材照片。

❼ 如果在步骤❷的界面中选择了**深度合成**选项，在此界面中可以选择**启用**或**关闭**选项

利用间隔定时器进行延时摄影

　　延时摄影又称"定时摄影"，即利用相机的"间隔拍摄"功能，每隔一定的时间拍摄一张照片，最终形成一组照片，用这些照片生成的视频能够呈现出电视上经常看到的花朵开放、城市变迁、风起云涌等效果。例如，一朵花的开放周期约为 3 天 3 夜共 72 小时，但如果每半小时拍摄一个画面，顺序记录开花的过程，需拍摄 144 张照片。当把这些照片生成视频并以正常帧频率放映时（每秒 24 幅），在 6 秒内即可重现花朵 3 天 3 夜的开放过程，能够给人以强烈的视觉震撼。

▼ 设定步骤

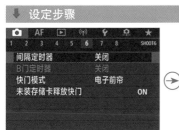

❶ 在**拍摄菜单 6** 中选择**间隔定时器**选项

❷ 选择 **启用** 选项，然后点击 `INFO.详细设置` 图标进入详细设置界面

❸ 选择间隔时间框或张数框，然后点击 ▲ 或 ▼ 图标选择间隔时间及拍摄的张数，设定完成后选择**确定**选项

　　使用佳能 EOS R6 Mark II 进行延时摄影时需要注意以下几点。

● 需要将驱动模式设定为除"自拍"以外的其他模式。

● 不能使用自动白平衡，需要通过手动调节色温的方式设置白平衡。

● 一定要使用三脚架进行拍摄，否则在最终生成的视频短片中就会出现明显的跳动画面。

● 将对焦方式切换为手动对焦。

● 按短片的帧频与播放时长来计算需要拍摄的照片张数。例如，按 25fps 拍摄一个 10 秒的视频短片，就需要拍摄 250 张照片，而在拍摄这些照片时，可以自定义彼此之间的时间间隔，可以是 1 分钟，也可以是 1 小时。

通过智能手机遥控相机

在智能手机上安装 Camera Connect 程序

使用智能手机遥控佳能 EOS R6 Mark II 相机时，需要在智能手机中安装 Camera Connect 程序。苹果手机可从 App Store 中下载安装，安卓系统可以从百度、华为等应用市场下载安装。

▲ Camera Connect 图标

在相机上进行相关设置

如果要将智能手机与佳能 EOS R6 Mark II 相机的 Wi-Fi 相连接，需要先在相机菜单中对 Wi-Fi 功能进行一定的设置，具体操作流程如下。

 设定步骤

① 在**无线功能菜单 3** 中点击选择 **Wi-Fi 设置**选项

② 点击选择 **Wi-Fi** 选项

③ 点击选择**启用**选项，点击 SET OK 图标确认

④ 按 MENU 按钮返回上级

⑤ 在**无线功能菜单 2** 中点击选择**高级连接**选项

⑥ 点击选择**连接至智能手机（平板电脑）**选项

⑦ 点击选择**添加要连接的设备**选项

⑧ 按 SET 下页 按钮进入下一页面

⑨ 点击选择自己的智能手机或平板所在的无线网络选项

⑩ 在此输入密码　　　⑪ 使用键盘输入 Wi-Fi 密码，按　　　⑫ 点击选择**确定**选项
　　　　　　　　　　　MENU OK 确认

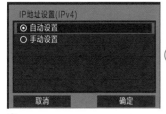  

⑬ 点击选择**自动设置**单选按钮　　　⑭ 点击选择**启用**单选按钮　　　⑮ 此时显示相机等待手机确认的
　　　　　　　　　　　　　　　　　　　　　　　　　　　　　　　　　　　　界面

⑱ 连接时相机显示此界面

⑯ 在手机上打开已下载　　　⑰ 手机将显示正在连接　　　⑲ 连接成功后显示已建立连接
好的 App，稍等片刻可以　　　的状态
看到要连接的相机名称，
点击此相机

在手机上遥控拍摄并传输照片

　　在通过 Camera Connect App 与相机建立连接后，通过 Camera Connect App 在手机上遥控相机拍摄，并将存储卡中的照片传输到智能手机上，从而实现即拍即分享。

通过手机遥控相机拍摄可以按下面的步骤操作。

❶ 在 App 中点击**拍摄**选项，进入拍摄界面

❷ 点击下方的各个选项，可以切换拍摄参数，点击屏幕显示区域，可以对焦

❸ 点击上方的摄像机图标，可以进入拍摄视频状态

❹ 点击右上角的相机图标，可以设置全局参数

要将相机上的照片传输到手机上可以按下面的步骤操作。

❶ 在 App 中点击**导入图像**选项，进入照片选择界面

❷ 选择要导入的照片后，点击下方的**导入**按钮。

❸ 设置**导入**选项后，点击**好**按钮。

❹ 进入手机照片相册，点击下方的 i 按钮，可以查看照片的参数

第6章
认识镜头分类、卡口
及佳能微单镜头推荐

镜头标志名称解读

通常镜头名称中会包含很多数字和字母，佳能RF镜头专用于佳能微单相机，采用了独立的命名体系，各数字和字母都具有特定的含义，熟记这些数字和字母所代表的含义，就能很快了解一款镜头的性能。

▲ RF 24-105mm F4 L IS USM 镜头

RF 24-105mm F4 L IS USM
❶   ❷   ❸   ❹

❶ RF：代表此镜头适用于EOS微单相机。

❷ 24-105mm：代表镜头的焦距范围。

❸ F4：表示镜头所拥有的最大光圈。光圈恒定的镜头采用单一数值表示，如RF28-70mm F2 L USM。

❹ L：L为Luxury（奢侈）的缩写，表示此镜头属于高端镜头。此标记仅赋予通过佳能内部特别标准认证的、具有优良光学性能的高端镜头。

IS：IS是Image Stabilizer（图像稳定器）的缩写，表示镜头内部搭载了光学手抖动补偿机构。

USM：表示自动对焦机构的驱动装置采用了超声波马达（USM）。USM将超声波振动转换为旋转动力，从而驱动对焦。

认识佳能相机的4种卡口

佳能拥有全画幅微单、APS-C画幅微单、全画幅单反与APS-C画幅单反4个产品线，这4个产品线上的相机分别采用RF卡口、RF-S卡口、EF卡口和EF-S卡口。

▲ RF 镜头：RF50mm F1.2 L USM

▲ RF-S 镜头：RF-S18-150mm F3.5-6.3 IS STM

其中，佳能全画幅单反相机使用所有EF系列镜头；佳能APS-C画幅单反相机可以使用EF系列镜头和EF-S系列镜头。全画幅微单相机能够使用RF及RF-S卡口系列镜头，但将RF-S卡口镜头安装在全画幅微单相机上时，画面会有1.6倍裁切。APS-C画幅微单能够使用RF卡口及RF-S卡口系列镜头。

▲ EF 镜头：EF 24-70mm F2.8 L II USM

▲ EF-S 镜头：EF-S 10-22mm F3.5-4.5 USM

比如EF 24-70mm F2.8这款镜头为EF镜头，它可以同时在全画幅单反相机及APS-C画幅单反相机上使用；RF 50mm F1.2这款RF镜头能在全画幅及APS-C画幅微单相机上使用。

认识4款卡口适配器

卡口适配器用于在佳能微单相机上连接EF/EF-S系列镜头，可以满足用户扩展镜头使用数量及选择范围的需求。根据不同用户的拍摄需求，共有4款卡口适配器。

第一款是标准版卡口适配器，采用全电子卡口，可以对应EF/EF-S镜头的自动对焦、手抖动补偿等功能，且具备防水滴、防尘结构。

第二款是控制环卡口适配器，它在标准版卡口适配器的基础上增加了控制环，使得转接EF/EF-S镜头后，可以获得与RF镜头控制环相同的操作感觉。控制环在旋转时还具有定位感及操作动作音，为用户掌握操作量提供了方便。

第三款是插入式滤镜卡口适配器（含插入式圆形偏光滤镜），与标准版卡口适配器具有相同的功能，并且支持专用的插入式偏光滤镜，为经常使用偏光滤镜且需要频繁更换不同镜头的用户提供了经济、便捷的解决方案。

第四款是插入式滤镜卡口适配器（含插入式可变ND滤镜），可支持专用的插入式可变ND滤镜，适合经常使用ND滤镜拍摄的用户。

▲ 标准版卡口适配器 EF-EOS R

▲ 控制环卡口适配器 EF-EOS R

▲ 插入式滤镜卡口适配器 EF-EOS R，带有插入式圆形偏光滤镜

▲ 插入式滤镜卡口适配器 EF-EOS R，带有插入式可变 ND 滤镜

购买镜头合理搭配原则

摄影爱好者在选购镜头时应该注意各镜头的焦段搭配，尽量避免重合，甚至可以留出一定的"中空"。

比如佳能"大三元"系列的3只镜头，即RF 15-35mm F2.8 L IS USM、RF24-70mm F2.8 L IS USM、RF 70-200mm F2.8 L IS USM镜头，覆盖了从广角到长焦最常用的焦段，且各镜头之间焦距的衔接紧密，3款镜头的焦段重叠很少，因此浪费比较少。

15~35mm焦段	24~70mm焦段	70~200mm焦段
RF 15-35mm F2.8 L IS USM	RF24-70mm F2.8 L IS USM	RF 70-200mm F2.8 L IS USM

了解恒定光圈镜头与浮动光圈镜头

▲ 恒定光圈镜头 RF24-70mm F2.8 L IS USM

恒定光圈镜头

恒定光圈，即指在镜头的任何焦段下都拥有相同的光圈。如佳能 RF24-70mm F2.8 L IS USM 在 24 ~ 70mm 范围内的任意一个焦距下拥有 F2.8 的大光圈，以保证充足的进光量、更好的虚化效果，所以价格也比较高。

浮动光圈镜头

浮动光圈，是指光圈会随着焦距的变化而改变，例如佳能 RF24-105mm F4-7.1 IS STM，当焦距为 24mm 时，最大光圈为 F4；而焦距为 105mm 时，其最大光圈就自动变为了 F7.1。浮动光圈镜头的性价比较高则是其较大的优势。

▲ 浮动光圈镜头 RF24-105mm F4-7.1 IS STM

定焦镜头与变焦镜头的优劣势

在选购镜头时，除了要考虑原厂、副厂、拍摄用途，还涉及定焦与变焦镜头的选择。

如果用一句话来说明定焦与变焦的区别，那就是"定焦取景基本靠走，变焦取景基本靠扭"。由此可见，两者之间最大的区别就是一个焦距固定，另一个焦距不固定。

下面通过表格来了解一下两者之间的区别。

▲ 在这组照片中，摄影师只需选好合适的拍摄位置，就可利用变焦镜头拍摄出不同景别的人像作品

定焦镜头	变焦镜头
RF85mm F1.2 L USM	RF-S18-150mm F3.5-6.3 IS STM
恒定大光圈	浮动光圈居多，少数为恒定大光圈
最大光圈可达到 F1.8、F1.4、F1.2	少数镜头最大光圈能达到 F2.8
焦距不可调节，改变景别靠走	可以调节焦距，改变景别不用走
成像质量优异	大部分镜头成像质量不如定焦镜头
除了少数超大光圈镜头，其他定焦镜头都售价低于恒定光圈的变焦镜头	生产成本较高，镜头售价较高

等效焦距的转换方法

摄影爱好者常用的佳能微单相机一般分为两种画幅，一种是全画幅相机，一种是APS-C画幅相机。

佳能APS-C画幅相机的CMOS感光元件的尺寸为22.3mm×14.9mm，由于比全画幅的感光元件（36mm×24mm）小，因此，其视角也会变小。但为了与全画幅相机的焦距数值统一，也为了便于描述，一般通过换算的方式得到一个等效焦距，佳能APS-C画幅相机的焦距换算系数为1.6。

因此，如果将焦距为100mm的镜头装在全画幅相机上，其焦距仍为100mm；但如果将其装在R10等APS-C画幅相机上，焦距就变为了160mm。

用公式表示为：APS-C**等效焦距 = 镜头实际焦距 × 转换系数**（1.6）。

例如，如果摄影爱好者的相机是APS-C画幅的，但是想购买一只全画幅定焦镜头用于拍摄人像，那么就要考虑到焦距的选择。通常使用85mm左右焦距拍摄出来的人物是最真实、自然的，在购买时，不能直接选择85mm的定焦镜头，而是应该选择50mm的定焦镜头，因为其换算焦距后等于80mm。

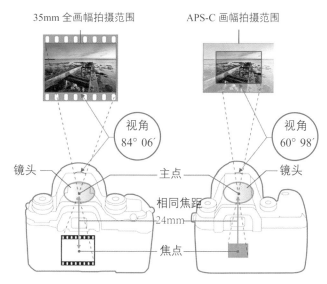

▲ 假设此照片是使用全画幅相机拍摄的，那么在相同的情况下，使用APS-C画幅相机就只能拍摄到图中红色框中所示的范围

了解焦距对视角、画面效果的影响

焦距对拍摄视角有非常大的影响，例如，使用广角镜头的 14mm 焦距拍摄，其视角能够达到 114°；而如果使用长焦镜头的 200mm 焦距拍摄，其视角只有 12°。不同焦距镜头对应的视角如下图所示。

由于不同焦距镜头的视角不同，因此不同焦距镜头适用的拍摄题材也有所不同。比如，

焦距短、视角宽的广角镜头常用于拍摄风光；而焦距长、视角窄的长焦镜头则常用于拍摄体育比赛、鸟类等位于远处的对象。要记住不同焦段镜头的特点，可以从下面这句口诀开始："短焦视角广，长焦压空间，望远景深浅，微距景更短。"

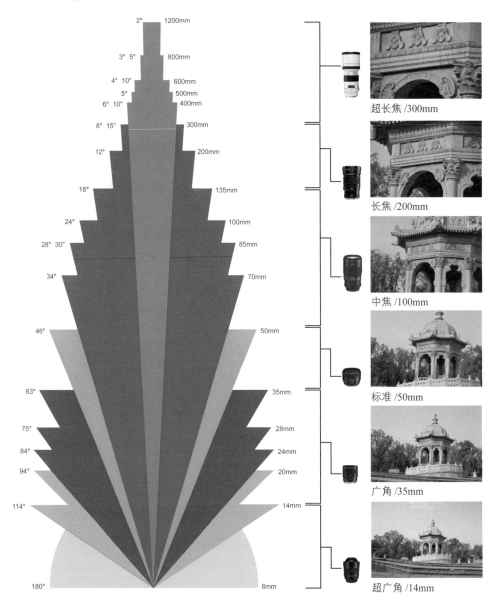

4款佳能高素质RF镜头点评

RF 50mm F1.2 L USM镜头

　　该款镜头的设计运用了RF卡口大口径与短法兰距的特点，使其能达到F1.2大光圈的同时保持高画质。利用F1.2的超大光圈，可以实现相当小的景深与美丽的虚化效果，非常适合人像与微距题材的拍摄。

　　该镜头的光学结构为9组15片，使用了2片研磨非球面镜片与1片GMo（玻璃模铸）非球面镜片，通过合理配置3片具有高折射率的非球面镜片，实现了F1.2大光圈下画面中心到边缘整体的高画质表现。

　　镜头还采用了防反射效果非常突出的ASC镀膜，可提高镜片的透射率，有效抑制画面内光源造成的眩光与鬼影，降低了逆光对成像的影响，带来了清晰、通透的照片效果。此外，通过对全像素双核CMOS AF与镜头控制的优化，即便在F1.2光圈下，仍然可以实现高精度的自动对焦。

镜片结构	9组15片
光圈叶片数	10
最大光圈	F1.2
最小光圈	F16
最近对焦距离（cm）	40
最大放大倍率	0.19
滤镜尺寸（mm）	77
规格（mm）	89.8×108
质量（g）	950

RF 15-35mm F2.8 L IS USM镜头

　　这是一款具备15mm超广角与IS影像稳定器的佳能微单系列专用"大三元"镜头。得益于佳能RF卡口大口径与短后对焦距离带来的光学设计灵活性，实现了具有15mm超广角焦距，其宽广的视角不仅可将广阔的景物纳入画面中，更能进一步强调透视感，拍出壮观的感觉，特别适合建筑与风光摄影等。而镜头35mm的远摄端能够提供变形较少的自然视角及适度的透视效果，适合拍摄街拍、美食、人像等多种题材。

　　除了在焦距方面非常实用，它还是佳能恒定F2.8光圈L级广角变焦镜头中首款具备IS影像稳定器的镜头，配合有机内IS检测功能的相机使用，在手持拍摄照片时，最大的手抖动补偿效果提升相当于5级快门速度，配合F2.8的大光圈，即使在昏暗的场景下，也能得到清晰的画面。

　　此镜头包含2片UD（超低色散）镜片和3片非球面镜片，可抑制色像差、球面像差和歪曲像差等。

镜片结构	12组16片
光圈叶片数	9
最大光圈	F2.8
最小光圈	F22
最近对焦距离（cm）	28
最大放大倍率	0.21
滤镜尺寸（mm）	82
规格（mm）	88.5×126.8
质量（g）	840

RF 28-70mm F2 L USM镜头

　　这只镜头采用了13组19片的光学结构，其中包含1片超级UD（超级超低色散）镜片和2片UD（超低色散）镜片，可有效抑制轴向色像差和倍率色像差，从而在全焦段的最大光圈下拥有不输定焦镜头的光学成像性能。

　　RF 28-70mm F2 L USM在人像摄影中的表现尤为抢眼。F2大光圈不仅能锐利地呈现人物主体，还兼顾了自然的背景虚化效果，且合焦位置到焦外过渡很柔和。9片光圈叶片的设计使得焦外的光斑自然而美丽，增强了画面的立体感，为用户的人像作品创作提供了有力支持。

　　与此同时，该款镜头还采用了防反射效果比较好的SWC亚波长结构镀膜和ASC镀膜，可提高镜片的透射率，有效抑制画面内光源造成的眩光与鬼影，降低了逆光对成像的影响，带来了清晰、通透的照片效果。

　　此外，该镜头采用环形USM超声波马达，可实现安静、快速的自动对焦及顺畅的焦点过渡，具备防尘、防水滴结构和防污氟镀膜，可靠性更强。

镜片结构	13组19片
光圈叶片数	9
最大光圈	F2
最小光圈	F22
最近对焦距离（cm）	39
最大放大倍率	0.18
滤镜尺寸（mm）	95
规格（mm）	103.8×139.8
质量（g）	1430

RF 70-200mm F2.8 L IS USM镜头

　　此镜头是佳能新生"大三元"镜头，与备受好评的EF 70-200mm F2.8L IS Ⅲ USM相比，具有更好的画质表现。同时，镜头长度大幅缩短，重量仅约1070克（不含三脚架接环），减轻约28%之多，是佳能70-200mm F2.8系列全画幅镜头中最短、最轻的一款。

　　镜头具有最大相当于5级快门速度的防抖效果，加上F2.8的大光圈、小型轻量镜身，让手持拍摄更加安心，并且提供了3种不同的IS模式。其中 "模式1"适合拍摄人物等静止的被摄体；"模式2"可用于追随拍摄，适合拍摄赛车、列车等场景；"模式3"适合拍摄足球、篮球等无规律运动的被摄体。

　　此镜头使用了1片玻璃模铸非球面镜片、1片超级UD（超低色散）镜片和3片UD镜片，不仅如此，它还采用了1片UD非球面镜片，并对多种像差进行有效补偿，实现了画面中心到边缘的高画质。此外，采用了防反射效果比较好的SWC亚波长结构镀膜，提高了镜片的透射率，可以有效地减少眩光与鬼影。

镜片结构	13组17片
光圈叶片数	9
最大光圈	F2.8
最小光圈	F32
最近对焦距离（cm）	70
最大放大倍率	0.23
滤镜尺寸（mm）	77
规格（mm）	89.9×146
质量（g）	1070

第7章

滤镜及脚架等附件的
使用技巧

滤镜的形状

常见的滤镜有方形与圆形两类，下面分别讲解不同形状滤镜的优缺点。

圆形滤镜

圆形滤镜有便携、易用的优点，无论是旋入式还是磁吸式，均比方形滤镜更方便。

圆形滤镜可与遮光罩同时使用，不易出现漏光，且圆形滤镜可长期装在镜头上，不需要拆卸也能与镜头一同收纳和使用。

圆形滤镜的镜片有金属框架保护，更不易破损。

但使用圆形滤镜易出现暗角，且基本上不能多枚滤镜叠加使用，所以需要购买同一类型的多个不同规格镜片，实际使用成本较高；购买时需要与镜头口径一一对应，如滤镜口径为75毫米，就只能用在前镜组口径为75毫米的镜头上。

当将圆形滤镜长时间安装在镜头上时，可能由于其螺纹变形无法拆下来。

方形滤镜

在购买方形滤镜时需要包含滤镜支架，且其材质通常是光学玻璃，因此，单价和总价都要比圆形滤镜高。

为了将方形滤镜安装在不同口径的镜头上，需要购买不同的口径转接环。虽然方形滤镜可以多片叠加使用，但由于滤镜支架存在间隙，因此容易出现漏光。

方形滤镜由于没有保护边框且是玻璃材质，因此安全性低于圆形滤镜，如果不注意清洁的话，还容易被带有腐蚀性的水雾侵蚀。

相比圆形滤镜方形滤镜的优点是，不易出现暗角，可与圆形滤镜中的偏振滤镜叠加使用，且可多片叠加使用，实现更复杂的光线控制效果。同时，它与镜头的兼容性强，如150mm和100mm规格的方形滤镜，能通过镜头口径转接环适配绝大多数主流规格的镜头。

▲ 圆形中灰镜

▲ 方形中灰镜

滤镜的材质

现在能够买到的滤镜一般有玻璃与树脂两种材质。

玻璃材质的滤镜在使用寿命上远远高于树脂材质的滤镜。树脂其实就是一种塑料，通过化学浸泡置换出不同减光效果的挡位，这种材质长时间在户外（风吹日晒的环境），很快就会偏色。如果照片出现严重的偏色，后期也很难校正回来。

玻璃材质的滤镜使用的是镀膜技术，质量过关的玻璃材质的滤镜使用几年也不会变色，当然价格也比树脂型滤镜高。

▲ 用合适的滤镜过滤杂光获得纯净的色彩

UV 镜

UV 镜也叫"紫外线滤镜"，是滤镜的一种，主要是针对胶片相机设计的，用于防止紫外线对曝光的影响，提高成像质量和影像的清晰度。现在的数码相机已经不存在这种问题了，但由于其价格低廉，已成为摄影师用来保护数码相机镜头的工具。因此，强烈建议摄友在购买镜头的同时也购买一款 UV 镜，以更好地保护镜头不受灰尘、手印及油渍的侵扰。

除了购买佳能原厂的 UV 镜，肯高、NISI 及 B+W 等厂商生产的 UV 镜也不错，性价比很高。

▲ B+W 77mm XS-PRO MRC UV 镜

保护镜

如前所述，在数码摄影时代，UV 镜的作用主要是保护镜头。开发这种 UV 镜可以兼顾数码相机与胶片相机，但考虑到胶片相机逐步退出了主流民用摄影市场，各大滤镜厂商在开发 UV 镜时已经不再考虑胶片相机。因此，这种 UV 镜演变成了专门用于保护镜头的一种滤镜：保护镜。这种滤镜的功能只有一个，就是保护昂贵的镜头。

与 UV 镜一样，口径越大的保护镜价格越高，通光性越好的保护镜价格也越高。

▲ 肯高保护镜

保护镜不会影响画面的画质，透过它拍摄出来的风景照片层次很细腻，颜色很鲜艳

偏振镜

如果希望拍摄到具有浓郁色彩的画面、清澈见底的水面，或者想透过玻璃拍好物品等，一个好的偏振镜是必不可少的。

偏振镜也叫偏光镜或 PL 镜，可分为线偏和圆偏两种，主要用于消除或减少物体表面的反光。数码相机应选择有 "CPL" 标志的圆偏振镜，因为在数码微单相机上使用线偏振镜容易影响测光和对焦。

▲ 肯高 67mm C-PL（W）偏振镜

在使用偏振镜时，可以旋转其调节环以选择不同的强度，在取景器中可以看到一些色彩上的变化。同时需要注意的是，偏振镜会阻碍光线的进入，大约相当于减少两挡光圈的进光量，故在使用偏振镜时，需要降低约两挡快门速度，这样才能拍出与未使用偏振镜时曝光量相同的照片。

用偏振镜提高色彩饱和度

如果拍摄环境的光线比较杂乱，会对景物的颜色还原产生很大的影响。环境光和天空光在物体上形成的反光，会使景物的颜色看起来并不鲜艳。使用偏振镜进行拍摄，可以消除杂光中的偏振光，减少杂散光对物体颜色还原的影响，从而提高物体色彩的饱和度，使景物的颜色显得更加鲜艳。

▲ 在镜头前加装偏振镜进行拍摄，可以改变画面的灰暗色彩，提高色彩的饱和度

用偏振镜压暗蓝天

晴朗天空中的散射光是偏振光，利用偏振镜可以减少偏振光，使蓝天变得更蓝、更暗。加装偏振镜后拍摄的蓝天比只使用蓝色渐变镜拍摄的蓝天更加真实，因为使用偏振镜拍摄，既能压暗天空，又不会影响其余景物的色彩还原。

用偏振镜抑制非金属表面的反光

使用偏振镜拍摄的另一个好处就是可以抑制被摄体表面的反光。在拍摄水面、玻璃表面时，经常会遇到反光的情况，使用偏振镜则可以削弱水面、玻璃及其他非金属物体表面的反光。

▶ 随着转动偏振镜，水面上的倒映物慢慢消失不见

中灰镜

认识中灰镜

中灰镜又被称为 ND（Neutral Density）镜，是一种不带任何色彩成分的灰色滤镜，当将其安装在镜头前面时，可以减少镜头的进光量，从而降低快门速度。

中灰镜分为不同的级数，如 ND6（也称为 ND0.6）、ND8（0.9）、ND16（1.2）、ND32（1.5）、ND64（1.8）、ND128（2.1）、ND256（2.4）、ND512（2.7）、ND1000（3.0）。

不同级数对应不同的阻光挡位。例如，ND6（0.6）可降低2挡曝光，ND8（0.9）可降低3挡曝光。其他级数对应的曝光降低挡位分别为 ND16（1.2）4挡、ND32（1.5）5挡、ND64（1.8）6挡、ND128（2.1）7挡、ND256（2.4）8挡、ND512（2.7）9挡、ND1000（3.0）10挡。

常见的中灰镜是 ND8（0.9）、ND64（1.8）、ND1000（3.0），分别对应降低3挡、6挡、10挡曝光。

▲ 安装了多片中灰镜的相机

▶ 通过使用中灰镜降低快门速度，拍摄出水流连成丝线状的效果

下面用一个小实例来说明中灰镜的具体作用。

我们都知道，使用较低的快门速度可以拍出如丝般的溪流、飞逝的流云效果，但在实际拍摄时，经常遇到的一个难题就是，由于天气晴朗、光线充足等原因，导致即使用了最小的光圈、最低的感光度，也仍然无法达到较低的快门速度，更不要说使用更低的快门速度拍出水流如丝般的梦幻效果。

此时就可以使用中灰镜来减少进光量。例如，在晴朗的天气条件下使用F16的光圈拍摄瀑布时，得到的快门速度为1/16s，但使用这样的快门速度拍摄无法使水流产生很好的虚化效果。此时，可以安装 ND4 型号的中灰镜，或者安装两块 ND2 型号的中灰镜，使镜头的进光量减少，从而降低快门速度至1/4s，即可得到预期的效果。在购买 ND 镜时要关注3个要点，第一是形状，第二是尺寸，第三是材质。

中灰镜的基本使用步骤

在添加中灰镜后，根据减光级数不同，画面亮度会出现一定的变化。此时再进行对焦及曝光参数的调整则会出现诸多问题，所以只有按照一定的步骤进行操作，才能让拍摄顺利进行。

中灰镜的基本使用步骤如下。

1.使用自动对焦模式进行对焦，在准确合焦后，将对焦模式设为手动对焦。

2.建议使用光圈优先曝光模式，将ISO设置为100，通过调整光圈来控制景深，并拍摄亮度正常的画面。

3.将此时的曝光参数（光圈、快门和感光度）记录下来。

4.将曝光模式设置为M挡，并输入已经记录的在不加中灰镜时可以得到正常画面亮度的曝光参数。

5.安装中灰镜。计算安装中灰镜后的快门速度并进行设置。快门速度设置完毕后，即可按下快门进行拍摄。

19mm F22 5s ISO50

计算安装中灰镜后的快门速度

在安装中灰镜时，需要对安装它之后的快门速度进行计算，下面介绍计算方法。

1.自行计算安装中灰镜后的快门速度。

不同型号的中灰镜可以降低不同挡数的光线。如果降低N挡光线，那么曝光量就会减少为$1/2^N$。所以，为了让照片在安装中灰镜之后与安装中灰镜之前能获得相同的曝光，则在安装中灰镜之后，其快门速度应延长为未安装时的2^N。

例如，在安装减光镜之前，使画面亮度正常的曝光时间为1/125s，那么在安装ND64（减光6挡）之后，其他曝光参数不变，将快门速度延长为$1/125 \times 2^6 \approx 1/2s$即可。

2.通过后期App计算安装中灰镜后的快门速度。

无论是在苹果手机的App Store中，还是在安卓手机的各大应用市场中，均能搜到多款计算安装中灰镜后所用快门速度的App，此处以Long Exposure Calculator为例介绍计算方法。

① 打开Long Exposure Calculator App。

② 在第一栏中选择所用的中灰镜。

③ 在第二栏中选择未安装中灰镜时，让画面亮度正常所用的快门速度。

④ 在最后一栏中则会显示不改变光圈和快门速度的情况下，加装中灰镜后，能让画面亮度正常的快门速度。

▲ Long Exposure Calculator App

▲ 快门速度计算界面

中灰渐变镜

认识渐变镜

在慢门摄影中，当在日出、日落等明暗反差较大的环境下拍摄慢速水流效果的画面时，如果不安装中灰渐变镜，直接对地面景物进行长时间曝光，按地面景物的亮度进行测光并进行曝光，天空就会失去所有细节。

要解决这个问题，最好的选择就是用中灰渐变镜来平衡天空与地面的亮度。

渐变镜又被人们称为GND（Gradient Neutral Density）镜，是一种一半透光、一半阻光的滤镜，在色彩上也有很多选择，如蓝色和茶色等。在所有的渐变镜中，最常用的是中灰渐变镜。

拍摄时，将中灰渐变镜上较暗的一侧安排在画面中天空的部分。由于深色端有较强的阻光效果，因此可以减少进入相机的光线，从而保证在相同的曝光时间内，画面上较亮的区域进光量少，与较暗的区域在总体曝光量上趋于相同，使天空层次更丰富，而地面的景观也不至于黑成一团。

17mm F16 1.3s ISO100

▲ 1.3s 的长时间曝光使海岸礁石拥有丰富的细节，中灰渐变镜则保证天空不会过曝，并且得到了海面雾化的效果

如何搭配选购中灰渐变镜

如果购买一片，建议选 GND0.6 或 GND0.9。

如果购买两片，建议选 GND0.6 与 GND0.9，可以通过两片组合覆盖 2~5 挡曝光。

如果购买三片，可选择软 GND0.6+ 软 GND0.9+ 硬 GND0.9。

如果购买四片，建议选择 GND0.6+ 软 GND0.9+ 硬 GND0.9+GND0.9 反向渐变，硬边渐变镜用于海边拍摄，反向渐变镜用于日出日落拍摄。

中灰渐变镜的形状

中灰渐变镜有圆形与方形两种。圆形中灰渐变镜是直接安装在镜头上的，使用起来比较方便，但由于渐变是不可调节的，因此只能拍摄天空约占画面50%的照片。方形中灰渐变镜的优点是可以根据构图的需要调整渐变的位置，且可以叠加使用多个中灰渐变镜。

▲ 不同形状的中灰渐变镜　　▲ 安装多片渐变镜的效果

中灰渐变镜的挡位

中灰渐变镜分GND0.3、GND0.6、GND0.9、GND1.2等不同的挡位，分别代表深色端和透明端的挡位相差1挡、2挡、3挡及4挡。

▲ 方形中灰渐变镜的安装方式　　▲ 在托架上安装方形中灰渐变镜后的相机

硬渐变与软渐变

根据渐变类型不同，可以将中灰渐变镜分为软渐变（GND）与硬渐变（H-GND）两种。

软渐变镜40%为全透明，中间35%为渐变过渡，顶部的25%区域颜色最深，当拍摄的场景中天空与地面过渡部分不规则时使用，如有山脉或建筑、树木。

硬渐变的镜片一半透明，一半为中灰色，两者之间有少许过渡区域，常用于拍摄海平面、地平面与天空分界线等非常明显的场景。

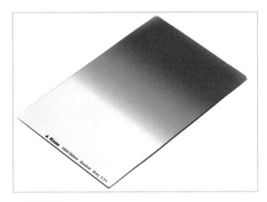

▲ 软渐变镜

如何选择中灰渐变镜挡位

在使用中灰渐变镜拍摄时，先分别对画面亮处（即需要使用中灰渐变镜深色端覆盖的区域）和要保留细节处测光（即渐变镜透明端覆盖的区域），计算出这两个区域的曝光相差等级，如果两者相差1挡，那么就选择0.3的镜片；如果两者相差2挡，那么就选择0.6的镜片，以此类推。

▲ 硬渐变镜

用三脚架与独脚架保持拍摄的稳定性

脚架类型及各自的特点

在拍摄微距、长时间曝光题材或使用长焦镜头拍摄动物时，脚架是必备的摄影配件之一，使用它可以让相机变得更稳定，即使在长时间曝光的情况下，也能够拍摄到清晰的照片。

对比项目		说　明
铝合金	碳素纤维	铝合金脚架较便宜，但较重，不便携带 碳素纤维脚架的档次要比铝合金脚架高，便携性、抗震性、稳定性都很好，但是价格很高
三脚	独脚	三脚架稳定性好，在配合快门线、遥控器的情况下，可实现完全脱机拍摄 独脚架的稳定性要弱于三脚架，在使用时需要摄影师来控制独脚架的稳定性。但由于其体积和重量只有三脚架的 1/3，因此携带十分方便
三节	四节	三节脚管的三脚架稳定性高，但略显笨重，携带稍微不便 四节脚管的三脚架能收纳得更短，因此携带更为方便。但是在脚管全部打开时，由于尾端的脚管比较细，稳定性不如三节脚管的三脚架好
三维云台	球形云台	三维云台的承重能力强、构图十分精准，缺点是占用的空间较大，在携带时稍显不便 球形云台体积较小，只要旋转按钮，就可以让相机迅速转到所需要的角度，操作起来十分便利

分散脚架的承重

在海滩、沙漠、雪地拍摄时，由于沙子或雪比较柔软，三脚架的支架会不断地陷入其中，即使是质量很好的三脚架，也很难保持拍摄的稳定性。

尽管陷进足够深的地方能有一定的稳定性，但是沙子、雪会覆盖整个支架，容易造成脚架的关节处损坏。

在这样的情况下，就需要一些物体来分散三脚架的重量，一些厂家生产了"雪靴"，安装在三脚架上可以防止脚架陷入雪或沙子中。如果没有雪靴，也可以自制三脚架的"靴子"，比如平坦的石块、旧碗碟或屋顶的砖瓦都可以。

▲ 扁平状的"雪靴"可以防止脚架陷入沙地或雪地

用快门线控制拍摄

在拍摄长时间曝光的题材时，如夜景、慢速流水、车流，如果希望获得极为清晰的照片，只有三脚架支撑相机是不够的，因为直接用手去按快门按钮拍摄，还是会造成画面模糊。这时，快门线便派上用场了。使用快门线就是为了尽量避免直接按下机身快门按钮时可能产生的震动，以保证拍摄时相机保持稳定，从而获得更清晰的画面。

将快门线与相机连接后，可以半按快门线上的快门按钮进行对焦、完全按下快门进行拍摄，但由于不用触碰机身，因此在拍摄时可以避免相机的抖动。EOS R6 Mark Ⅱ 使用的是型号为 RS-60E3 的快门线。

▲ RS-60E3 快门线

使用定时自拍避免相机震动

佳能相机提供了 2s 和 10s 自拍驱动模式，在这两种模式下，当摄影师按下快门按钮后，自拍定时指示灯会闪烁并且发出提示声音，然后相机分别于 2s 或 10s 后自动拍摄。

由于在 2s 自拍模式下，快门会在按下快门 2s 后，才开始释放并曝光，因此可以将由于手部动作造成的震动降至最低，从而得到清晰的照片。

自拍模式适用于自拍或合影，摄影师可以预先取好景，并设定好对焦，然后按下快门按钮，在 10s 内跑到自拍处或合影处，摆好姿势等待拍摄便可。

定时自拍还可以在没有三脚架或快门线的情况下，用于拍摄长时间曝光的题材，如星空、夜景、雾化的水流、车流等题材。

▲ 当在没有三脚架的情况下想拍雾化的水流照片时，可以将相机的驱动模式设置为 2 秒自拍模式，然后将相机放置在稳定的地方进行拍摄，也是可以获得清晰画面的

第8章

拍视频要理解的术语
及必备附件

理解视频分辨率、制式、帧频、码率的含义

理解视频分辨率并进行合理设置

视频分辨率指每一个画面中所显示的像素数量，通常以水平像素数量与垂直像素数量的乘积或垂直像素数量表示。视频分辨率越大，画面就越精细，画质就越好。

佳能的每一代旗舰机型在视频功能上均有所增强，以佳能R6 Mark Ⅱ为例，其在视频方面的一大亮点就是支持4K 60帧无裁切视频录制。

❶ 在**拍摄菜单 1** 中选择**短片记录尺寸**选项

需要额外注意的是，若要享受高分辨率带来的精细画质，除了需要设置相机录制高分辨率的视频，还需要观看视频的设备具有该分辨率画面的播放能力。

比如，录制了一段4K（分辨率为4096×2160）视频，但观看这段视频的电视、平板或手机只支持全高清（分辨率为1920×1080）播放，那么呈现出来的视频的画质就只能达到全高清，而到不了4K的水平。

❷ 点击选择带**4K**图标的选项，然后点击 **SET OK** 图标确定

因此，建议各位在拍摄视频之前先确定输出端的分辨率上限，然后再确定相机视频的分辨率设置，从而避免因为过大的文件对存储和后期等操作造成没必要的负担。

设定视频制式

不同国家、地区的电视台播放视频的帧频是有统一规定的，称为电视制式。全球使用两种电视制式，分别为北美、日本、韩国、墨西哥等国家使用的NTSC制式，以及中国、欧洲各国、俄罗斯、澳大利亚等国家使用的PAL制式。

❶ 在**设置菜单2**中选择**视频制式**选项

选择不同的视频制式后，可选择的帧频会有所变化。比如选择NTSC制式后，可选择的帧频为119.9P、59.94P和29.97P；选择PAL制式后，可选择的帧频为100P、50P、25P。

需要注意的是，只有在所拍视频需要在电视台播放时，才会对视频制式有严格要求。如果只是自己拍摄上传视频平台，选择任意视频制式均可正常播放。

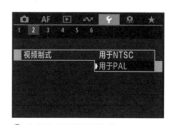

❷ 点击选择所需的选项

理解帧频并进行合理的设置

无论选择哪种视频制式，均有多种帧频供选择。帧频是指一个视频每秒展示出来的画面数（fps），在佳能相机中以单位 P 表示。例如，一般电影以每秒 24 张画面的速度播放，也就是一秒钟内在屏幕上连续显示出 24 张静止的画面，其帧频为 24P。

很显然，每秒显示的画面数多，视觉动态效果就流畅；反之，如果画面数少，观看时就有卡顿的感觉。因此，在录制景物高速运动的视频时，建议设置为较高的帧频，从而尽量让每一个动作都更清晰、流畅；而在录制访谈、会议等视频时，则使用较低的帧频录制即可。

当然，如果录制条件允许，建议以高帧数录制，这样可以在后期处理时拥有更多处理的可能性，比如得到慢镜头效果。

❶ 在**拍摄菜单1**中选择**高帧频**选项

❷ 点击选择**启用**选项，然后点击 SET OK 图标确定

理解码率的含义

码率又称比特率，指每秒传送的比特（bit）数，单位为 bps（Bit Per Second）。码率越高，每秒传送的数据就越多，画质就越清晰，但相应地，对存储卡的写入速度要求也更高。

在 EOS R6 Mark II 相机中，虽然无法直接设置码率，但却可以对压缩方式进行选择。

可选择的有IPB和IPB两种压缩方式，其中IPB的压缩率更高，码率更低。

▲ 选择不同的压缩方式，以此控制码率

短片记录尺寸			码率 (Mbps)	文件大小 (MB/ 分钟)
全高清 高帧频视频	179.82 帧 / 秒	IPB（标准）	180	1287
	150.00 帧 / 秒	IPB（轻）	105	751
	119.88 帧 / 秒	IPB（标准）	120	858
	100.00 帧 / 秒	IPB（轻）	70	501
全高清视频	59.94 帧 / 秒	IPB（标准）	60	431
	50.00 帧 / 秒	IPB（轻）	35	252
	29.97 帧 / 秒	IPB（标准）	30	216
	25.00 帧 / 秒	IPB（轻）	12	88

通过Canon Log保留更多画面细节

当在明暗反差比较大的环境，如在逆光下录制视频时，很难同时保证画面中最亮的（如天空）和最暗的区域（如人脸）都有细节。这时就可以使用Canon Log模式进行录制，从而获取更广的动态范围，最大限度地保留这些细节。

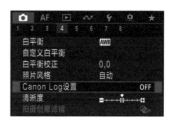

❶ 在**拍摄菜单4**中选择**Canon Log 设置**选项

认识 Canon Log

Canon Log通常被简写为Clog，是一种对数伽马曲线。这种曲线可发挥图像感应器的特性，保留更多的高光和阴影细节。但使用Canon Log模式拍摄的视频不能直接使用，因为此时画面的色彩饱和度和对比度都很低，整体效果发灰，所以需要通过后期处理来恢复视频画面的正常色彩。

❷ 点击选择**Canon Log**选项，然后选择所需选项

认识 LUT

LUT是Lookup Table（颜色查找表）的缩写，简单理解就是通过LUT，可以将一组RGB值输出为另一组RGB值，从而改变画面的曝光与色彩。

对于使用Canon Log模式拍摄的视频，由于其色彩不正常，所以需要通过后期处理来调整。通常的方法就是套用LUT，来实现各种不同的色调。套用LUT也被称为一级调色，主要目的是统一各个视频片段的曝光和色彩，在此基础上可以根据视频的内容及需要营造的氛围进行个性化的二级调色。

▲ 左侧为套用 LUT 前的画面

Canon Log 的查看帮助功能

虽然套用LUT可以还原画面色彩，但仅限于在视频后期阶段。当录制视频时，摄影师在显示屏中看到的仍然是色调偏灰的非正常色彩。

如果希望看到正常的色彩，可以在使用Canon Log模式拍摄时开启查看帮助功能。该功能可以让佳能相机显示还原色彩后的画面，但相机记录的视频依然是以Canon Log模式记录视频的，所以依然保留了更多的高光及阴影部分的细节。

❶ 在**拍摄菜单4**中选择**Canon Log 设置**选项，然后点击选择**查看帮助**选项

❷ 点击选择**开**或**关**选项

视频拍摄稳定设备

手持式稳定器

在手持相机的情况下拍摄视频，往往会产生明显的抖动。这时就需要使用可以让画面更稳定的器材，比如手持稳定器。

这种稳定器的操作无须练习，只需选择相应的模式，就可以拍出比较稳定的画面，而且体积小、重量轻，非常适合业余视频爱好者使用。

在拍摄过程中，稳定器会不断自动进行调整，从而抵消掉手抖或在移动时造成的相机震动。

由于此类稳定器是电动的，所以搭配上手机中的 App 后，可以实现一键拍摄全景、延时、慢门轨迹等特殊功能。

▲ 手持式稳定器

摄像专用三脚架

与便携的摄影三脚架相比，摄像三脚架为了更好的稳定性而牺牲了便携性。

一般来讲，摄影三脚架在3个方向上各有1根脚管，也就是三脚管。而摄像三脚架在3个方向上最少各有3根脚管，也就是共有9根脚管，再加上底部的脚管连接设计，其稳定性要高于摄影三脚架。另外，脚管数量越多的摄像专用三脚架，其最大高度也更高。

对于云台，为了在摄像时能够实现在单一方向上精确、稳定地转换视角，摄像三脚架一般使用带摇杆的三维云台。

▲ 摄像专用三脚架

滑轨

相比稳定器，利用滑轨移动相机录制视频可以获得更稳定、更流畅的镜头表现。利用滑轨进行移镜、推镜等运镜时，可以呈现出电影级的效果，所以是更专业的视频录制设备。

另外，如果希望在录制延时视频时呈现一定的运镜效果，准备一个电动滑轨就十分有必要。因为电动滑轨可以实现微小的、匀速的持续移动，从而在短距离的移动过程中，拍摄下多张延时素材，这样通过后期合成就可以得到连贯的、顺畅的、带有运镜效果的延时摄影画面。

▲ 滑轨

拍摄视频的采音设备

在室外或不够安静的室内录制视频时，单纯通过相机自带的麦克风和声音设置往往无法得到满意的采音效果，这时就需要使用外接麦克风来提高视频中的音质。

无线领夹麦克风

无线领夹麦克风也被称为"小蜜蜂"。其优点在于小巧、便携，并且可以在不面对镜头，或者在运动过程中进行收音；但缺点是当需要对多人采音时，则需要准备多个发射端，相对来说比较麻烦。另外，在录制采访视频时，也可以将"小蜜蜂"发射端拿在手里，当作话筒使用。

▲ 便携的"小蜜蜂"

枪式指向性麦克风

枪式指向性麦克风通常安装在佳能相机的热靴上进行固定。因此，当录制一些面对镜头说话的视频，比如讲解类、采访类视频时，就可以着重采集话筒前方的语音，避免周围环境带来的噪声。同时，在使用枪式麦克风时，也不用在身上佩戴麦克风，可以让被摄者的仪表更自然、美观。

▲ 枪式指向性麦克风

为麦克风戴上防风罩

为避免在户外录制视频时出现风噪声，建议大家为麦克风戴上防风罩。防风罩主要分为毛套防风罩和海绵防风罩，其中海绵防风罩也被称为防喷罩。

一般来说，户外拍摄建议使用毛套防风罩，其效果比海绵防风罩更好。

而在室内录制视频时，使用海绵防风罩即可。不仅能起到去除杂音的作用，还可以防止唾液喷入麦克风，这也是海绵防风罩被称为防喷罩的原因。

▲ 毛套防风罩

▲ 海绵防风罩

视频拍摄灯光设备

在室内录制视频时，如果利用自然光来照明，那么如果录制时间稍长，光线就会发生变化。比如，下午 2 点到 5 点，光线的强度和色温都在不断降低，导致画面出现由亮到暗、由色彩正常到色彩偏暖的变化，从而很难拍出画面影调、色彩一致的视频。而如果采用室内一般的灯光进行拍摄，灯光亮度又不够，打光效果也无法控制。所以，想录制出效果更好的视频，一些比较专业的室内灯光是必不可少的。

简单实用的平板 LED 灯

一般来讲，在拍摄视频时往往需要比较柔和的灯光，让画面中不会出现明显的阴影，并且呈现柔和的明暗过渡。而在不增加任何其他配件的情况下，平板LED灯本身就能通过大面积的灯珠打出比较柔和的光。

当然，也可以为平板LED灯增加色片、柔光板等配件，让光质和光源色产生变化。

▲ 平板 LED 灯

更多可能的 COB 影视灯

这种灯的形状与影室闪光灯非常像，并且同样带有灯罩卡口，从而让影室闪光灯可用的配件在COB影视灯上均可使用，让灯光更可控。

常用的配件有雷达罩、柔光箱、标准罩和束光筒等，可以打出或柔和、或硬朗的光线。

因此，丰富的配件和光效是更多的人选择COB影视灯的原因。有时候人们也会把COB影视灯当作主灯，把平板LED灯当作辅助灯进行组合打光。

▲ COB 影视灯搭配柔光箱

短视频博主最爱的 LED 环形灯

如果不懂布光，或者不希望在布光上花费太多时间，只需要在面前放一盏LED环形灯，就可以均匀地打亮面部并形成眼神光了。

当然，LED环形灯也可以配合其他灯光使用，让面部光影更均匀。

▲ 环形灯

简单实用的三点布光法

三点布光法是拍摄短视频、微电影的常用布光方法。"三点"分别为位于主体侧前方的主光，以及另一侧的辅光和侧逆位的轮廓光。

这种布光方法既可以打亮主体，将主体与背景分离，还能够营造一定的层次感、造型感。

一般情况下，主光的光质相对辅光要硬一些，从而让主体形成一定的阴影，增加影调的层次感。既可以使用标准罩或蜂巢来营造硬光，也可以通过相对较远的灯位来提高光线的方向性。也正是这个原因，在三点布光法中，主光的距离往往比辅光要远一些。辅光作为补充光线，其强度应该比主光弱，主要用来形成较为平缓的明暗对比。

在三点布光法中，也可以不要轮廓光，而用背景光来代替，从而降低人物与背景的对比，让画面整体更明亮，影调也更自然。如果想为背景光加上不同颜色的色片，还可以通过色彩营造独特的画面氛围。

用氛围灯让视频更美观

前面讲解的灯光基本上只有将场景照亮的作用，但如果想让场景更美观，那么还需要购置氛围灯，从而为视频画面增加不同颜色的灯光效果。

例如，在右图所示的场景中，笔者的身后使用了两盏氛围灯，一盏能够自动改变颜色，一盏是恒定的暖黄色。下面展示的 3 个主播直播的场景，他们使用了不同的氛围灯。

要布置氛围灯，可以直接在电商网站上以"氛围灯"为关键词进行搜索，找到不同类型的灯具，也可以用"智能 LED 灯带"为关键词进行搜索，购买可以按自己的设计布置为任意形状的灯带。

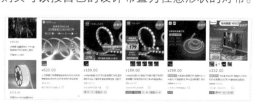

视频拍摄外采、监看设备

视频拍摄外采设备也被称为监视器、记录仪和录机等，它的作用主要有两点。

提升视频画质

使用外采设备能拍摄更高质量的视频，以佳能 EOS R6 Mark Ⅱ 为例，要得到 RAW 格式的视频，必须将视频输出到通过 HDMI 外接的兼容设备。

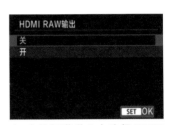

▲ 在**拍摄菜单 8** 中选择 **HDMI RAW 输出**选项，然后选择**开**或**关**

提升监看效果

监视器面积更大，可以代替相机上的小屏幕，使创作者能看到更精细的画面。由于监视器的亮度普遍更高，所以即便在户外的强光下，也可以清晰地看到录制效果。

有些相机的液晶屏没有翻转功能，或者可以翻转但程度有限。使用有翻转功能的外接监视器，可以方便创作者以多个角度监看视频拍摄画面。

利用监视器还可以直接将佳能相机以 Clog 曲线录制的画面转换为 HDR 效果，让创作者直接看到最终模拟效果。

有些监视器不仅支持触屏操作，还有完善的辅助构图、曝光、焦点控制工具，可以弥补相机的功能短板。

▲ 外采设备

用竖拍快装板拍摄竖画幅视频

当前许多视频平台以竖画幅视频为主，要更好地拍摄竖画幅视频，在使用前文讲述的三脚架的基础上，还需要使用竖拍快装板（又称为 L 形快装板），从而使相机可以竖立旋转，此时要注意开启微单相机的"取景器垂直显示"菜单选项，使图像以垂直形式显示。

▲ 竖拍快装板安装后的相机

▲ "取景器垂直显示"菜单选项

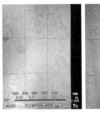

▲ 开启"取景器垂直显示"　▲ 关闭"取景器垂直显示"

用外接电源进行长时间录制

在进行持续的长时间的视频录制时，一块电池的电量很有可能不够用。而如果更换电池，则势必会导致拍摄中断。为了解决这个问题，各位可以使用外接电源进行连续录制。

由于外接电源可以使用充电宝进行供电，因此只需购买一块大容量的充电宝，就可以大大延长视频录制时间。

另外，如果在室内以固定机位进行录制，还可以选择直接连接插座的外接电源进行供电，从而完全避免在长时间拍摄过程中出现电量不足的问题。

▲ 可直连插座的外接电源

▲ 可连接移动电源的外接电源

▲ 通过外接电源使用充电宝给相机供电

通过提词器让语言更流畅

提词器是一个通过高亮度的显示器显示文稿内容，并将显示器显示的内容反射到相机镜头前一块呈45°角的专用镀膜玻璃上，把台词反射出来的设备。它可以让演讲者在看演讲词时，依旧保持很自然地对着镜头说话的感觉。

由于提词器需要经过镜面反射，所以除了硬件设备，还需要使用软件来将正常的文字进行方向上的变换，从而在提词器上显示出正常的文稿。

通过提词器软件，字体的大小、颜色、文字滚动速度均可以按照演讲人的需求改变。值得一提的是，如果是一个团队进行视频录制，可以派专人控制提词器，从而确保提词速度可以根据演讲人语速的变化而变化。

如果更看中便携性，也可以把手机当作显示器的简易提词器。

当使用这种提词器配合微单相机拍摄时，要注意支架的稳定性，必要时需要在支架前方进行配重，以免因为微单相机太重，而支架又比较单薄导致设备损坏。

▲ 专业提词器

▲ 简易提词器

第9章
拍视频必学的镜头语言与分镜头脚本的撰写方法

推镜头的 6 大作用

强调主体

推镜头是指镜头从全景或别的大景位由远及近，向被摄对象推进拍摄，最后使景别逐渐变成近景或特写镜头，最常用于强调画面的主体。例如，下面的组图展示了一个通过推镜头强调位置居中正在讲解的女孩的效果。

突出细节

推镜头可以通过放大来突出事物细节或人物表情、动作，从而使观众得以知晓剧情的重点在哪里，以及人物对当前事件的反应。例如，在早期的很多谈话类节目中，当被摄对象谈到伤心处，摄影师都会推上一个特写，展现含满泪花的眼睛。

引入角色及剧情

推镜头这种景别逐渐变小的运镜方式进入感极强，也常用于视频的开场，在交代地点、时间、环境等信息后，正式引入主角或主要剧情。许多导演都会把开场的任务交给气势恢宏的推镜头，从大环境逐步过渡到具体的故事场景，如徐克的《龙门飞甲》。

制造悬念

当推镜头作为一组镜头的开始镜头使用时，往往可以制造悬念。例如，一个逐渐推进展现角色震惊表情的镜头可以引发观众的好奇心——角色到底看到了什么才会如此震惊？

改变视频的节奏

通过改变推镜头的速度可以影响和调整画面节奏，一个缓慢向前推进的镜头给人一种冷静思考的感觉，而一个快速向前推进的镜头给人一种突然间有所醒悟、有所发现的感觉。

减弱运动感

当以全景表现运动的角色时，速度感是显而易见的。但如果以推镜头到特写的景别来表现角色，则会由于没有对比弱化运动感。

拉镜头的 6 大作用

展现主体与环境的关系

拉镜头是指摄影师通过拖动摄影器材或以变焦的方式，将视频画面从近景逐渐变换到中景甚至全景的操作，常用于表现主体与环境关系。例如，下面的拉镜头展现了模特与直播间的关系。

以小见大

例如，先特写面包店剥落的油漆、被打破的玻璃窗，然后逐渐后拉呈现一场灾难后的城市。这个镜头就可以把整个城市的破败与面包店联系起来，有以小见大的作用。

体现主体的孤立、失落感

拉镜头可以将主体孤立起来。比如，一个女人站在站台上，火车载着她唯一的孩子逐渐离去，架在火车上的摄影机逐渐远离女人，就能很好地体现出她的失落感。

引入新的角色

在后拉过程中，可以非常合理地引入新的角色、元素。例如，在一间办公室中，领导正在办公，通过后拉镜头的操作，可以将旁边整理文件的秘书引入画面，并与领导产生互动。如果空间够大，还可以继续后拉，引入坐在旁边焦急等待的办事群众。

营造反差

在后拉镜头的过程中，由于引入了新的元素，因此可以借助新元素与原始信息营造反差。例如，特写一个身着凉爽服装的女孩，镜头后拉，展现的却是冰天雪地的场景。

又如，特写一个正襟危坐、西装革履的主持人，镜头拉远之后，却发现他穿的是短裤、拖鞋。

营造告别感

拉镜头从视频效果上看起来是观众在后退，从故事中抽离出去，这种退出感、终止感具有很强的告别意味，因此如果找不到合适的结束镜头，不妨试一下拉镜头。

摇镜头的 6 大作用

介绍环境

摇镜头是指机位固定，通过旋转摄影器材进行拍摄的镜头运动方式，分为水平摇拍及垂直摇拍。左右水平摇镜头适合拍摄壮阔的场景，如山脉、沙漠、海洋、草原和战场；上下摇镜头适合展示人物或建筑的雄伟，也可用于展现峭壁的险峻。

模拟审视观察

摇镜头的视觉效果类似于一个人站在原地不动，通过水平或垂直转动头部，仔细观察所处的环境。摇镜头的重点不是起幅或落幅，而是在整个摇动过程中展现的信息，因此不宜过快。

强调逻辑关联

摇镜头可以暗示两个不同元素间的逻辑关系。例如，先拍摄角色，再随着角色的目光摇镜头拍摄衣橱，观众就能明白两者之间的联系。

转场过渡

在一个起幅画面后，利用极快的摇摄使画面中的影像全部虚化，过渡到下一个场景，可以给人一种时空穿梭的感觉。

表现动感

当拍摄运动的对象时，先拍摄其由远到近的动态，再利用摇镜头表现其经过摄影机后由近到远的动态，可以很好地表现运动物体的动态、动势、运动方向和运动轨迹。

组接主观镜头

当前一个镜头表现的是一个人环视四周的画面时，下一个镜头就应该用摇镜头表现其观看到的空间，即利用摇镜头表现角色的主观视线。

移镜头的 4 大作用

赋予画面流动感

移镜头是指拍摄时摄影机在一个水平面上左右或上下移动（在纵深方向移动则为推/拉镜头）进行拍摄，拍摄时摄影机有可能被安装在移动轨上或配滑轮的脚架上，也有可能被安装在升降机上进行滑动拍摄。由于采用移镜头方式拍摄时，机位是移动的，所以画面具有一定的流动感，这会让观众感觉仿佛置身于画面中，视频画面更有艺术感染力。

展示环境

移镜头展示环境的作用与摇镜头十分相似，但由于移镜头打破了机位固定的限制，可以随意移动，甚至可以越过遮挡物展示空间的纵深感，因而移镜头表现的空间比摇镜头更有层次，视觉效果更为强烈。最常见的是在旅行过程中，将拍摄器材贴在车窗上拍摄快速后退的外景。

模拟主观视角

以移镜头的运动形式拍摄的视频画面，可以形成角色的主观视角，展示被摄角色以穿堂入室、翻墙过窗、移动逡巡的形式看到的景物。这样的画面能给观众很强的代入感，让其有身临其境的感受。

在拍摄商品展示、美食类视频时，常用这种运镜方式模拟仔细观察、检视的过程。此时，手持拍摄设备缓慢移动进行拍摄即可。

创造更丰富的动感

在具体拍摄时，如果拍摄条件有限，摄影师可能更多地采用简单的水平或垂直移镜拍摄，但如果有更大的团队、更好的器材，可综合使用移镜、摇镜及推拉镜头，以创造更丰富的动感视角。

跟镜头的 3 种拍摄方式

跟镜头又称"跟拍",是跟随被摄对象进行拍摄的镜头运动方式。跟镜头可连续而详尽地表现角色在行动中的动作和表情,既能突出运动中的主体,又能交代动体的运动方向、速度、体态及其与环境的关系。按摄影机的方位可以分为前跟、后跟(背跟)和侧跟 3 种方式。

前跟常用于采访,即拍摄器材在人物前方,形成"边走边说"的效果。

体育视频通常为侧面拍摄,表现运动员运动的姿态。

后跟用于追随线索人物游走于一个大场景之中,将一个超大空间里的方方面面一一介绍清楚,同时保证时空的完整性。根据剧情,还可以表现角色被追赶、跟踪的效果。

升降镜头的作用

上升镜头是指相机的机位慢慢升起进行拍摄的镜头运动方式,从而表现被摄体的高大。在影视剧中,也被用来营造悬念;而下降镜头的方向则与之相反。升降镜头的特点在于能够改变镜头和画面的空间,有助于增强戏剧效果。

例如,在电影《一路响叮当》中,使用了升镜头来表现高大的圣诞老人角色。

在电影《盗梦空间》中,使用升镜头表现折叠起来的城市。

需要注意的是,不要将升降镜头与摇镜头混为一谈。比如,机位不动,仅将镜头仰起,此为摇镜头,展现的是拍摄角度的变化,而不是高度的变化。

甩镜头的作用

甩镜头是指一个画面拍摄结束后，迅速旋转镜头到另一个方向的镜头运动方式。由于甩镜头时，画面的运动速度非常快，所以该部分画面内容是模糊不清的，但这正好符合人眼的视觉习惯（与快速转头时的视觉感受一致），所以会给观赏者带来较强的临场感。

值得一提的是，甩镜头既可以在同一场景中的两个不同主体间快速转换，模拟人眼的视觉效果；也可以在甩镜头后直接接入另一个场景的画面（通过后期剪辑进行拼接），从而表现同一时间不同空间中并列发生的事情，此法在影视剧制作中经常出现。在电影《爆裂鼓手》中有一段精彩的甩镜头示范，镜头在老师与学生间不断甩动，体现了两者之间的默契与音乐的律动。

环绕镜头的作用

将移镜头与摇镜头组合起来，就可以实现一种比较炫酷的运镜方式——环绕镜头。

实现环绕镜头最简单的方法，就是将相机安装在稳定器上，然后手持稳定器，在尽量保持相机稳定的前提下绕人物走一圈儿，也可以使用环形滑轨。

通过环绕镜头可以 360° 全方位地展现主体，经常用于突出新登场的人物，或者展示景物的精致细节。

例如，一个领袖发表演说，摄影机在他们后面做半圆形移动，使领袖保持在画面的中央，这就突出了一个中心人物。在电影《复仇者联盟》中，当多个人员集结时，也使用了这样的镜头来表现集体的力量。

镜头语言之起幅与落幅

无论使用前面讲述的推、拉、摇、移等诸多种运动镜头中的哪一种，在拍摄时这个镜头通常都是由 3 部分组成的，即起幅、运动过程和落幅。

理解起幅与落幅的含义和作用

起幅是指在运动镜头开始时的画面。即从固定镜头逐渐转为运动镜头的过程中，拍摄的第一个画面被称为起幅。

为了让运动镜头之间的连接没有跳动感、割裂感，往往需要在运动镜头的结尾处逐渐转为固定镜头，称为落幅。

除了可以让镜头之间的连接更加自然、连贯，起幅和落幅还可以让观赏者在运动镜头中看清画面中的场景。其中，起幅与落幅的时长一般为 1 秒左右。如果画面信息量比较大，如远景镜头，则可以适当延长时间。

在使用推、拉、摇、移等运镜手法进行拍摄时，都以落幅为重点，落幅画面的视频焦点或重心是整个段落的核心。

如右侧上图为起幅，下图为落幅。

起幅与落幅的拍摄要求

由于起幅和落幅是固定镜头，考虑到画面美感，在构图时要严谨。尤其是在拍摄到落幅阶段时，镜头停稳的位置、画面中主体的位置和所包含的景物均要进行精心设计。

如右侧上图起幅使用 V 形构图，下图落幅使用水平线构图。

停稳的时间也要恰到好处。过晚进入落幅，则在与下一段起幅衔接时会出现割裂感，而过早进入落幅，又会导致镜头停滞时间过长，让画面显得僵硬、死板。

在镜头开始运动和停止运动的过程中，镜头速度的变化要尽量均匀、平稳，从而让镜头衔接更加自然、顺畅。

空镜头、主观镜头与客观镜头

空镜头的作用

空镜头又称景物镜头，根据镜头所拍摄的内容，可分为写景空镜头和写物空镜头。写景空镜头多为全景、远景，也称为风景镜头；写物空镜头则大多为特写和近景。

空镜头有渲染气氛的作用，也可以用来借景抒情。

例如，当在一档反腐视频节目结束时，旁白是"留给他的将是监狱中的漫漫人生"，画面是监狱高墙及墙上的电网，并且随着背景音乐逐渐模糊直到黑场。这个空镜头暗示了节目主人公余生将在高墙内度过，未来的漫漫人生将是灰暗的。

此外，还可以利用空镜头进行时空过渡。

镜头一：中景，小男孩走出家门。

镜头二：全景，森林。

镜头三：近景，树木局部。

镜头四：中景，小男孩在森林中行走。

在这组镜头中，镜头二与镜头三均为空镜，很好地起到了时空过渡的效果。

客观镜头的作用

客观镜头的视点模拟的是旁观者或导演的视点，对镜头所展示的事情不参与、不判断、不评论，只是让观众有身临其境之感，所以也称为中间镜头。

新闻报道就大量使用了客观镜头，只报道新闻事件的状况、发生的原因和造成的后果，不作任何主观评论，让观众去评判、思考。画面是客观的，内容是客观的，记者的立场也是客观的，从而达到新闻报道客观、公正的目的。例如，下面是一个记录白天鹅栖息地的纪录片截图。

客观镜头的客观性包括两层含义。

客观反映对象自身的真实性。

对拍摄对象的客观描述。

主观镜头的作用

从摄影的角度来说，主观镜头就是摄影机模拟人的观察视角，视频画面展现人观察到的情景，这样的画面具有较强的代入感，也被称为第一视角画面。

例如，在电影中，当角色通过望远镜观察时，下一个镜头通常都会模拟通过望远镜观看到的景物，这就是典型的第一视角主观镜头。

网络上常见的美食制作讲解、台球技术讲解、骑行风光、跳伞、测评等类型的视频，多数采用主观镜头。在拍摄这样的主观镜头时，多数采用将 GoPro 等便携式摄像设备固定在拍摄者身上的方式，有时也会采用手持式拍摄，因为画面的晃动能更好地模拟一个人的运动感，将观众带入情节画面。

在拍摄剧情类视频时，一个典型的主观镜头，通常是由一组镜头构成的，以告诉观众谁在看、看什么、看到后的反应及如何看。

回答这 4 个问题可以安排下面这样一组镜头。

一镜是人物的正面镜头，这个镜头要强调看的动作，回答是谁在看。

二镜是人物的主观镜头，这个镜头要强调所看到的内容，回答人物在看什么。

三镜是人物的反应镜头，这个镜头侧重强调看到后的情绪，如震惊、喜悦等。

四镜是带关系的主观镜头，一般是将拍摄器材放在人物的后面，以高于肩膀的高度拍摄。这个镜头提示看与被看的关系，体现二者的空间关系。

了解拍摄前必做的分镜头脚本

通俗地说，分镜头脚本就是将一段视频包含的每一个镜头拍什么、怎么拍，先用文字写出来或画出来（有人会利用简笔画表明分镜头脚本的构图方法），也可以理解为拍视频之前的计划书。

对于影视剧的拍摄，分镜头脚本有着严格的绘制要求，是前期拍摄和后期剪辑的重要依据，并且需要经过专业的训练才能完成。但作为普通摄影爱好者，大多数都以拍摄短视频或者VLOG 为目的，因此只需了解其作用和基本撰写方法即可。

分镜头脚本的作用

指导前期拍摄

即便是拍摄一条长度仅为 10 秒左右的短视频，通常也需要 3 ~ 4 个镜头来完成。那么 3 个或 4 个镜头计划怎么拍，就是分镜脚本中应该写清楚的内容。这样可以避免到了拍摄场地后现场构思，既浪费时间，又可能因为思考时间太短，而得不到理想的画面。

值得一提的是，虽然分镜头脚本有指导前期拍摄的作用，但不要被其所束缚。在实地拍摄时，如果有更好的创意，则应该果断采用新方法进行拍摄。

下面展示的是徐克、姜文、张艺谋 3 位导演的分镜头脚本，可以看出来即便是大导演也在遵循严格的拍摄规划流程。

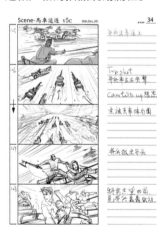

后期剪辑的依据

根据分镜头脚本拍摄的多个镜头，需要通过后期剪辑合并成一段完整的视频。因此，镜头的排列顺序和镜头转换的节奏都需要以分镜头脚本作为依据。尤其是在拍摄多组备用镜头后，很容易相互混淆，导致不得不花费更多的时间进行整理。

另外，由于拍摄时现场的情况很可能与预期不同，所以前期拍摄未必完全按照分镜头脚本进行。此时就需要懂得变通，抛开分镜头脚本，寻找最合适的方式进行剪辑。

分镜头脚本的撰写方法

掌握了分镜头脚本的撰写方法，也就学会了如何制订短视频或者 VLOG 的拍摄计划。

分镜头脚本应该包含的内容

一份完善的分镜头脚本应该包含镜头编号、景别、拍摄方法、时长、画面内容、解说和音乐 7 部分内容。下面逐一讲解每部分内容的作用。

（1）镜头编号：镜头编号代表各个镜头在视频中出现的顺序。绝大多数情况下，它也是前期拍摄的顺序（因客观原因导致个别镜头无法拍摄时，则会先跳过）。

（2）景别：景别分为全景（远景）、中景、近景和特写，用于确定画面的表现方式。

（3）拍摄方法：针对被摄对象描述镜头的运用方式，是分镜头脚本中唯一对拍摄方法的描述。

（4）时长：用来预估该镜头的拍摄时长。

（5）画面内容：对拍摄的画面内容进行描述。如果画面中有人物，则需要描绘人物的动作、表情和神态等。

（6）解说：对拍摄过程中需要强调的细节进行描述，包括光线、构图及镜头运用的具体方法等。

（7）音乐：确定背景音乐。

提前对上述 7 部分内容进行思考并确定，整段视频的拍摄方法和后期剪辑的思路、节奏就基本确定了。虽然思考的过程比较费时，但正所谓"磨刀不误砍柴工"，做一份详尽的分镜头脚本，可以让前期拍摄和后期剪辑轻松很多。

撰写分镜头脚本实践

了解了分镜头脚本所包含的内容后，就可以尝试自己进行撰写了。这里以在海边拍摄一段视频为例，向读者介绍分镜头脚本的撰写方法。

由于分镜头脚本是按不同的镜头进行撰写的，所以一般都以表格的形式呈现。但为了便于介绍撰写思路，会先以成段的文字进行讲解，最后通过表格呈现最终的分镜头脚本。

首先整段视频的背景音乐统一确定为陶喆的《沙滩》，然后再通过分镜头讲解设计思路。

镜头 1：人物在沙滩上散步，并在旋转过程中让裙子散开，表现出在海边散步的惬意。所以"镜头 1"利用远景将沙滩、海水和人物均纳入画面中。为了让人物在画面中显得比较突出，应穿着颜色鲜艳的服装。

镜头 2：由于"镜头 3"中将出现新的场景，所以将"镜头 2"设计为一个空镜头，单独表现"镜头 3"中的场地，让镜头彼此之间具有联系，起到承上启下的作用。

镜头 3：经过前面两个镜头的铺垫，此时通过在垂直方向上拉镜头的方式，让镜头逐渐远离人物，表现出栈桥的线条感与周围环境的空旷、大气之美。

镜头 4：最后一个镜头则需要将画面拉回到视频中的主角——人物身上。同样通过远景来表现，同时兼顾美丽的风景与人物。在构图时要利用好栈桥的线条，形成透视牵引线，增强画面的空间感。

镜头 1

镜头 2

镜头 3

镜头 4

经过上述思考，就可以将分镜头脚本以表格的形式表现出来了，最终的成品参见下表。

镜头编号	景别	拍摄方法	时长	画面内容	解说	音乐
1	远景	移动机位拍摄人物与沙滩	3 秒	穿着红衣的女子在海边的沙滩上散步	采用稍微俯视的角度，表现沙滩与海水，女子可以摆动起裙子	《沙滩》
2	中景	以摇镜头的方式表现栈桥	2 秒	狭长栈桥的全貌逐渐出现在画面中	摇镜头的最后一个画面，需要栈桥透视线的灭点位于画面中央	同上
3	中景+远景	中景俯拍人物，采用拉镜头的方式，让镜头逐渐远离人物	10 秒	从画面中只有人物与栈桥，再到周围的海水，再到更大的空间	通过长镜头，以及拉镜头的方式，让画面中逐渐出现更多的内容，引起观赏者的兴趣	同上
4	远景	以固定机位拍摄	7 秒	女子在优美的栈桥上翩翩起舞	利用栈桥让画面更具空间感。人物站在靠近镜头的位置，使其占据一定的画面比例	同上

第10章

录制常规、延时及慢动作视频的参数设置方法

录制视频的简易流程

要使用佳能EOS R6 Mark II录制视频，如果不考虑复杂的参数，可以按下面的基本流程操作。

1.将相机左肩上的静止图像拍摄/短片记录开关置于🎬图标的位置。

❶ 切换至视频拍摄模式

2.如果希望手动控制短片的曝光量，旋转拍摄模式拨盘至M挡（推荐使用）；如果希望相机自动控制短片的曝光量，将拍摄模式设置为Fv、P、B挡；如果希望手动设置光圈，则可以将拍摄模式设置为Av；如果希望手动设置快门速度，则可以将拍摄模式设置为Tv。

❷ 选择拍摄曝光模式

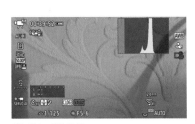

❸ 进行对焦操作

3.在拍摄短片前，通过自动或手动的方式先对主体进行对焦。在光圈优先、快门优先及手动拍摄模式下，还需调整曝光组合。

❹ 按下红色的短片拍摄按钮，将开始录制短片，此时会在屏幕右上角显示一个红色的圆

4.按下短片拍摄按钮，即可开始录制短片。
5.要结束拍摄，可再次按下短片拍摄按钮。

虽然上面的流程看上去很简单，但实际上在拍摄过程中，涉及若干知识点。比如，设置视频短片参数、设置视频拍摄模式、开启并正确设置实时显示模式、开启视频拍摄自动对焦模式、设置视频对焦模式、设置视频自动对焦灵敏度、设置录音参数及设置时间码参数等，只有理解并正确设置这些参数，才能够录制出一段合格的视频。

下面笔者将通过若干节讲解上述知识点。

短片拍摄状态下的信息显示

在短片拍摄模式下，屏幕会显示若干参数，了解这些参数的含义，有助于摄影师快速调整相关参数，从而提高录制视频的效率、成功率及品质。

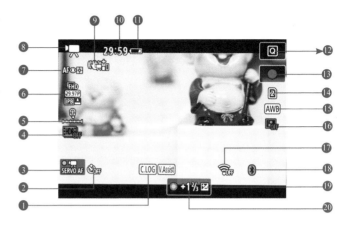

❶ Canon Log
❷ 短片自拍定时器
❸ 短片伺服自动对焦
❹ HDR短片
❺ 耳机音量
❻ 短片记录尺寸
❼ 自动对焦方式
❽ 拍摄模式
❾ 图像稳定器（IS模式）
❿ 可用的短片记录时间/已记录时间
⓫ 电池电量
⓬ 速控图标
⓭ 录制图标

⓮ 用于记录/回放的存储卡
⓯ 白平衡/白平衡校正
⓰ 自动亮度优化
⓱ Wi-Fi功能
⓲ 蓝牙功能
⓳ 曝光补偿

⓴ 曝光量指示标尺（测光等级）

视频格式与画质

跟设置照片的尺寸、画质一样，录制视频时首先需要关注的就是视频格式的相关参数。

设置视频格式与画质

佳能 EOS R6 Mark II 在 R6 的基础上继续加强了视频录制能力，它充分利用了 2400 万像素传感器，可机内录制包括 4K 在内的多种短片格式，具备 IPB 及轻 IPB 两种压缩方式。

❶ 在**拍摄菜单1**中选择**短片记录尺寸**选项

❷ 点击选择所需的短片记录尺寸选项，然后点击 SET OK 图标确定

设置视频拍摄模式

与拍摄照片一样，拍摄视频也可以采用多种不同的曝光模式，如自动曝光模式、光圈优先曝光模式、快门优先曝光模式和全手动曝光模式等。

如果对曝光要素不太理解，可以直接设置为自动曝光或程序自动曝光模式。

如果希望精确地控制画面的亮度，可以将拍摄模式设置为全手动曝光模式。但在这种拍摄模式下，需要摄影师手动控制光圈、快门和感光度3个要素。下面分别讲解这3个要素的设置思路。

- 光圈：如果希望拍摄的视频具有电影般的效果，可以将光圈设置得稍微大一点，从而虚化背景，获得浅景深效果；反之，如果希望拍摄出来的视频画面远近都比较清晰，就需要将光圈设置得稍微小一点。
- 感光度：在设置感光度的时候，主要考虑的是整个场景的光照条件。如果光照不是很充分，可以将感光度设置得稍微大一点；反之，则可以降低感光度，以获得较为优质的画面。

快门速度对视频的影响比较大，下面详细讲解。

理解快门速度对视频的影响

在曝光三要素中，无论是拍摄照片，还是拍摄视频，光圈、感光度的作用都是一样的，但唯独快门速度对视频录制有着特殊的意义，因此值得详细讲解。

根据帧频确定快门速度

从视频效果来看，大量摄影师总结出来的经验是将快门速度设置为帧频2倍的倒数，此时录制的视频中，运动物体的表现是最符合肉眼观察效果的。

比如，视频的帧频为25P，那么应将快门速度设置为 1/50 秒（25 乘以 2 等于 50，再取倒数，为 1/50）。同理，如果帧频为50P，则应将快门速度设置为 1/100 秒。

但这并不是说，在录制视频时，快门速度只能保持不变。在一些特殊情况下，当需要利用快门速度调节画面亮度时，在一定范围内进行调整是没有问题的。

快门速度对视频效果的影响

拍摄视频的最低快门速度

当需要降低快门速度提高画面亮度时，快门速度不能低于帧频的倒数。比如，当帧频为25P 时，快门速度不能低于 1/25 秒。而事实上，也无法设置比 1/25 秒还低的快门速度，因为在录制视频时相机会自动锁定帧频倒数为最低快门速度。

▲ 在昏暗的环境下录制时，可以适当降低快门速度以保证画面亮度

拍摄视频的最高快门速度

当需要提高快门速度降低画面亮度时，其实对快门速度的上限是没有硬性要求的。但若快门速度过高，由于每一个动作都会被清晰定格，从而导致画面看起来很不自然，甚至会出现失真的情况。

这是因为人的眼睛是有视觉时滞的，也就是当人们看到高速运动的景物时，景物会出现动态模糊的效果。而当使用过高的快门速度录制视频时，运动模糊效果消失了，取而代之的是清晰的影像。比如，在录制一些高速奔跑的景象时，由于双腿每次摆动的画面都是清晰的，就会看到很多条腿的画面，也就导致画面出现失真、不正常的情况。

因此，建议在录制视频时，快门速度最好不要高于最佳快门速度的2倍。

▲ 当电影画面中的人物进行快速移动时，画面中出现动态模糊效果是正常的

手动曝光模式下拍摄视频时的快门速度

佳能EOS R6 MarkⅡ在M手动曝光模式下，可用的快门速度因指定的短片记录画质的帧频不同而不同，具体如下表所示。

帧频	快门速度（秒）		
	普通短片拍摄	高帧频短片拍摄	HDR短片拍摄
119.9P	-	1/8000 ~ 1/125	
100.0P		1/8000 ~ 1/100	
59.94P	1/8000 ~ 1/8	-	
50.00P			
29.97P			1/2000 ~ 1/60
25.00P			1/2000 ~ 1/50
23.98P			

设置视频自动对焦相关参数

开启短片伺服自动对焦

佳能最近几年发布的相机均具有视频自动对焦功能，即当视频中的对象移动时，能够自动对其进行跟焦，以确保被拍摄对象在视频中的影像是清晰的。

但此功能需要通过设置"短片伺服自动对焦"菜单来开启。

■ 检测优先：短片伺服自动对焦优先对焦"检测的被摄体"设定的对象。

■ 仅限检测：短片伺服自动对焦仅用于"检测的被摄体"设定的对象。

❶ 在**自动对焦菜单1**中选择**短片伺服自动对焦**选项

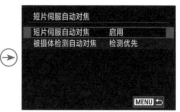

❷ 点击选择**短片伺服自动对焦选项**，然后选择**启用**选项

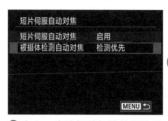

❸ 在上一步选择**被摄体检测自动对焦**选项

❹ 点击选择**检测优先**或**仅限检测**选项，然后点击 SET OK 图标确定

检测被摄体

佳能EOS R6 Mark Ⅱ扩大了可检测被摄体的范围，新增对飞机、直升机、火车及马的检测识别，提升了自动对焦追踪的性能。

佳能EOS R6 Mark Ⅱ可检测的被摄体选项在EOS R6的人物、动物、车辆的基础上，新增了可同时检测这3种被摄体的"自动"选项。选择"自动"选项后，相机可自动检测画面中的人物、动物及车辆，如果检测出多个被摄体，可根据被摄体的种类及构图自动选择主被摄体。

▲ 新增的被摄体支持类型

❶ 在**自动对焦菜单1**中选择**检测的被摄体**选项

❷ 点击选择需要的选项

短片伺服自动对焦追踪灵敏度

在使用了短片伺服自动对焦功能的情况下，可以在"短片伺服自动对焦追踪灵敏度"菜单中设置自动对焦追踪灵敏度。

灵敏度有7个等级，如果设置为偏向灵敏端的数值，那么当被摄对象偏离自动对焦点，或者有障碍物从自动对焦点面前经过时，自动对焦点会对焦其他物体或障碍物。

而如果设置偏向锁定端的数值，则自动对焦点会锁定被摄对象，不会轻易对焦到别的位置。

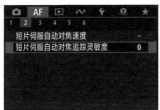

❶ 在**自动对焦菜单2**中选择**短片伺服自动对焦追踪灵敏度**选项

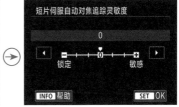

❷ 点击◀或▶图标选择所需的灵敏度等级，然后点击 SET OK 图标确定

■ 锁定（-3/-2/-1）：偏向锁定端，可以使相机在自动对焦点丢失原始被摄对象的情况下，也不太可能追踪其他被摄对象。设置的负数值越低，相机追踪其他被摄对象的概率越小。这样的设置，可以在摇摄期间或有障碍物经过自动对焦点时，防止自动对焦点立即追踪非被摄对象的其他物体。

■ 敏感（+1/+2/+3）：偏向敏感端，可以使相机在追踪覆盖自动对焦点的被摄对象时更敏感。设置的数值越高，则对焦越敏感。这样的设置，适用于想要持续追踪与相机之间的距离发生变化的运动被摄对象，或者要快速对焦其他被摄对象的录制场景。

▲ 摩托车手短暂地被其他的摄影师遮挡

例如，在上图中，摩托车手短暂地被其他的摄影师遮挡，此时如果对焦灵敏度过高，焦点就会落在其他摄影师身上，而无法跟随摩托车手，因此这个参数一定要根据当时的拍摄情况来灵活设置。

短片伺服自动对焦速度

当启用"短片伺服自动对焦"功能时，可以在"短片伺服自动对焦速度"菜单中设定在录制短片时，短片伺服自动对焦功能的对焦速度和应用条件。

■ 启用条件：选择"始终开启"选项，那么在"自动对焦速度"选项中的设置，将在拍摄短片之前和在拍摄短片期间都有效。选择"拍摄期间"选项，那么在"自动对焦速度"选项中的设置仅在拍摄短片期间生效。

■ 自动对焦速度：可以将自动对焦转变速度从标准速度调整为"慢"（七个等级之一）或"快"（两个等级之一），以获得所需的短片效果。

❶ 在**自动对焦菜单2**中选择**短片伺服自动对焦速度**选项

❷ 点击**启用条件**或**自动对焦速度**选项

❸ 点击选择**始终开启**或**拍摄期间**选项

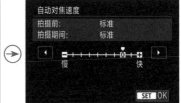

❹ 若在步骤❷中选择了**自动对焦速度**选项，点击◀或▶图标选择切换对焦的速度，然后点击 SET OK 图标确定

设置录音参数并监听现场音

设置录音参数

无论是内录还是外录，在录制视频时都要注意调整"录音"菜单中的各个选项。

■ 录音：选择"自动"选项，相机将会自动调节录音音量；选择"手动"选项，可以在"录音电平"界面手动调整音量，适用于高级用户；选择"关闭"选项，相机将不会记录声音。

■ 风声抑制：将"风声抑制"设置为"启用"选项，则可以降低户外录音时的风噪声，包括某些低音调噪声（此功能只对内置麦克风有效）；在无风的场所录制时，建议选择"关闭"选项。要注意的是使用此选项将导致部分重音被减弱。

■ 音频降噪：在使用内置麦克风时，开启此选项能减少自动对焦产生的镜头机械声，以及底噪。

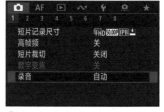

❶ 在**拍摄菜单1**中选择**录音**选项

❷ 点击选择不同的选项，即可进入修改参数界面

监听视频声音

在录制保留现场声音的视频时，监听视频声音非常重要，而且这种监听需要持续整个录制过程。

因为在使用收音设备时，有可能因为没有更换电池，或者其他未知因素，导致现场声音没有被录入视频。

有时，现场可能有很低的噪声，确认这种声音是否会被录入视频的方法就是在录制时监听。

▲ 耳机端子

通过将配备有 3.5mm 直径微型插头的耳机连接到相机的耳机端子上，即可在拍摄短片期间听到声音。

此外可以利用菜单来控制耳机的声音。

❶ 在**设置菜单3**中选择**耳机**选项

❷ 点击选择**音量**选项，然后改变音量数值

设置视频短片拍摄辅助参数

高频防闪烁拍摄

如果在以高频率闪烁的光源下拍摄，在视频中有可能看到滚动的条纹。

使用"高频防闪烁拍摄"菜单能以适合高频率闪烁的快门速度拍摄照片及视频，从而最大限度地减少闪烁对视频的影响。

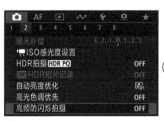

❶ 在**拍摄菜单2**中选择**高频防闪烁拍摄**选项

❷ 点击选择**高频防闪烁拍摄**选项，然后选择**ON**选项

❸ 在上一步中选择**自动检测**选项

❹ 根据提示操作，选择**确定**选项

❺ 点击选择**否**或**是**选项

灵活运用相机的防抖功能

佳能 EOS R6 Mark II 具备短片数码 IS 和机身 5 轴防抖功能，即便使用不带防抖功能的镜头，也能减少相机抖动造成的模糊。

当安装有防抖功能的 RF 镜头时，可以通过镜头防抖和机身防抖的协同控制更加有效地减少模糊。此外，还可以利用协同控制和短片数码 IS 功能相结合，最大限度地降低行走拍摄所造成的相机抖动模糊。

使用在防抖功能的镜头时，"影像稳定器模式"菜单为灰色，开启镜头稳定器开关，即可结合使用镜头和相机的稳定功能。

▲ 相机三重防抖功能示意

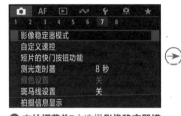  

❶ 在**拍摄菜单7**中选择**影像稳定器模式**选项

❷ 在**影像稳定器模式**中点击选择**开**或**关**选项

❸ 在**数码IS**中点击选择**开**或**关**选项，然后点击 SET OK 图标确定

定时自拍视频

与"自拍"驱动模式一样，在拍摄短片时，佳能 EOS R6 Mark II 也支持自拍。

应用这个功能后，摄影师一个人也能完成视频拍摄。

❶ 在**拍摄菜单6**中选择**短片自拍定时器**选项

❷ 点击选择**关**或**10秒**、**2秒**选项

无须后期直接拍出竖画幅视频

使用佳能 EOS R6 Mark II 录制的视频，经常会传输到智能手机上播放观看。启用"添加 📹 旋转信息"功能，可以自动为垂直使用相机录制的视频添加方向信息，以便在智能手机或其他设备上实现同方向播放。

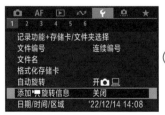 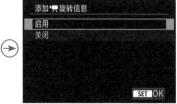

❶ 在**设置菜单1**中选择**添加 📹 旋转信息**选项

❷ 点击选择**启用**或**关闭**选项，然后点击 SET OK 图标确定

利用斑马线定位过亮或过暗区域

拍摄照片时可以使用高光警告提示曝光区域，而拍摄视频时可以使用佳能EOS R6 Mark II 的斑马线功能帮助用户查看画面曝光效果。通过"斑马线设置"菜单，用户可以指定在什么亮度级别的图像区域上方或周围显示斑马线图案，从而精确定位过暗或过亮的区域。

例如，为了避免过曝，将"斑马线 1 级别"设置为 95%，这样当曝光参数或光线导致画面出现过曝区域时，则相对应的部位就会显示斑马线。

❶ 在**拍摄菜单7**中选择**斑马线设置**选项

❷ 点击选择**斑马线**选项

❸ 点击选择**开**或**关**选项

❹ 若在步骤❷中选择了**斑马线图案**选项，在此可以选择显示哪种斑马线

❺ 若在步骤❷中选择了**斑马线1级别**选项，在此可以选择斑马线1的显示级别

❻ 若在步骤❷中选择了**斑马线2级别**选项，在此可以选择斑马线2的显示级别

▲ 斑马线1的显示效果

▲ 斑马线2的显示效果

- 斑马线：选择"开"选项，启用斑马线功能；选择"关"选项，则不启用斑马线功能。
- 斑马线图案：可以选择斑马线 1、斑马线 2 或斑马线 1+2 的显示模式。选择"斑马线 1"选项，在具有指定亮度区域的周围显示向左倾斜的条纹；选择"斑马线 2"选项，在超过指定亮度区域的周围显示向右倾斜的条纹；选择"斑马线 1+2"选项，将同时显示两种斑马线，当两种区域重叠时，将显示重叠的斑马线。
- 斑马线 1 级别：设定斑马线 1 的显示级别。当超过设定的数值时，画面中即显示斑马线 1。
- 斑马线 2 级别：设定斑马线 2 的显示级别。当超过设定的数值时，画面中即显示斑马线 2。

利用短片裁切拉近被拍摄对象

当在全画幅微单相机上安装了RF或EF系列镜头时，可以通过"短片裁切"菜单来设置是否对影像进行裁切，以获得和使用长焦镜头拍摄时一样的拉近效果。

如果安装的是RF-S系列镜头，则拍摄出来的画面与使用RF或EF系列镜头拍摄并应用"短片裁切"功能后的视角相同。如果再启用"短片裁切"功能，则可以获得拉近效果更加明显的画面效果。

❶ 在**拍摄菜单1**中选择**短片裁切**选项

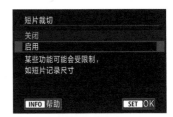

❷ 点击选择**启用**或**关闭**选项

定义拍摄视频时快门的功能

使用"短片的快门按钮"菜单，可以设定拍摄视频期间，半按或完全按下快门按钮所执行的功能。

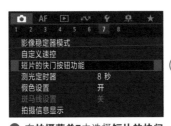

❶ 在**拍摄菜单7**中选择**短片的快门按钮功能**选项

❷ 点击选择**半按**或**全按**选项

❸ 如果选择**半按**选项，可以定义半按快门时的功能

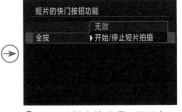

❹ 如果选择**全按**选项，可以定义全按快门时的功能

设定待机时的分辨率

拍摄视频时即使在待机情况下，相机的温度也会升高。但开启"待机：低分辨率"功能，则可以降低相机的温度，这有助于增加视频记录的时间。

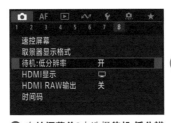

❶ 在**拍摄菜单8**中选择**待机:低分辨率**选项

❷ 点击选择**关**或**开**选项

数字变焦

即使使用的是定焦镜头，也可以使用"数字变焦"菜单获得1~10倍的变焦拍摄效果。

此选项仅对**FHD 29.97P**、**FHD 23.98P**、**FHD 25.00P**格式有效。

❶ 在**拍摄菜单1**中选择**数字变焦**选项

❷ 点击选择右侧的图标

假色显示

这里的假色实际上就是摄影师经常提到的伪色，其作用是将画面中的曝光信息转换成色彩信息展现在屏幕上。画面中曝光等级相同的区域显示相同的颜色。例如，将过曝的区域显示为红色，将欠曝的区域显示为紫色。

这个功能解决了在拍摄视频时，由于屏幕较小或现场光线杂乱，无法分辨视频曝光是否正常的问题。

❶ 在**拍摄菜单7**中选择**假色设置**选项

❷ 点击选择**开**或**关**选项，然后点击 SET OK 图标确定

❸ 选择**假色索引**选项

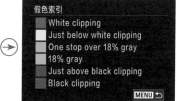

❹ 可以查看不同颜色的意义

Q：使用佳能 EOS R6 Mark Ⅱ 录制视频采用的 6K 超采样是什么意思？

A："超采样"是传感器记录视频时像素采样的方式之一，相机先生成6K影像，再输出为高精细的无裁切4K短片，按这种方法获得的视频有更少的摩尔纹、伪色、锯齿和噪点，因此可以获得更细腻的影像。这种方法有别于常见的"点对点"和"跳采"方式。"点对点"采样方式往往仅使用画面中心的特定区域进行信号读取，因此有画幅裁切的问题；而"跳采"方式则通常采用隔行采集信号的方式，会舍弃部分像素点的信息，因而画质方面会有所损失。

而"超采样"弥补了这两种采样方式的不足，可以得到无裁切、高画质的视频，相机通过采集全部或部分传感器有效像素得到影像信息，再通过算法将像素合，并且缩放至目标分辨率尺寸。

▶6K 超采样示例

录制延时视频短片

虽然现的新款手机普遍具有拍摄延时短片的功能，但可控参数较少、画质不高，因此，如果要拍摄更专业的延时短片，还是需要使用相机。

下面是使用佳能EOS R6 Mark II 拍摄延时视频的基本步骤。

❶ 在**拍摄菜单6**中选择**延时短片**选项

❷ 点击选择**延时**选项

❸ 点击选择**启用**选项

❹ 启用延时短片功能后，可以对间隔、张数、短片记录尺寸、自动曝光、屏幕自动关闭及拍摄图像的提示音等进行设置

❺ 若在步骤❹中选择**间隔**选项，点击间隔数字框，然后点击▲或▼图标选择所需的间隔时间，设置完成后点击**确定**选项

❻ 若在步骤❹中选择**张数**选项，点击张数的数字框，然后点击▲或▼图标选择所需的张数，设置完成后点击**确定**选项

❼ 若在步骤❹中选择了**短片记录尺寸**选项，点击选择所需的选项

❽ 若在步骤❹中选择了**自动曝光**选项，在此点击选择所需的选项

❾ 若在步骤❹中选择了**屏幕自动关闭**选项，在此点击选择**启用**或**关闭**选项

❿ 若在步骤❹中选择了**拍摄时的提示音**选项，在此可以控制音量

- 延时：选择"启用"选项，激活延时短片功能；选择"关闭"选项，则不使用延时短片功能。
- 间隔：可在"00:00:02"～"99:59:59"范围内设定间隔时间。

■ 张数：可在"0002"～"3600"范围内设定拍摄张数。如果设定为3600，则在NTSC模式下生成的延时短片将约为2分钟，在PAL模式下生成的延时短片将约为2分24秒。

■ 短片记录尺寸：选择"$\boxed{4K}$"选项，将以4K（3840×2160）画质拍摄比例为16∶9的延时短片；选择"$\boxed{FHD}$"选项，将以全高清（1920×1080）画质拍摄比例为16∶9的延时短片。不管选择哪个选项，在NTSC模式下，均是录制帧频为29.97帧/秒的视频，在PAL模式下，均是录制帧频25.00帧/秒的视频，且视频采用ALL-I方式压缩，录制格式为MP4。

■ 自动曝光：选择"固定第一帧"选项，在拍摄第一张照片时，会根据测光自动设定曝光，首次拍摄的曝光和其他拍摄设定将被应用到后面的拍摄中；选择"每一帧"选项，则每次拍摄都将根据测光自动设定合适的曝光。

■ 屏幕自动关闭：选择"关闭"选项，则在延时短片拍摄期间屏幕上会显示图像。不过，在开始拍摄大约30分钟后屏幕显示会关闭；选择"启用"选项，将在开始拍摄大约10秒后关闭屏幕显示。

■ 拍摄时的提示音：选择"关闭"选项，在拍摄时不会发出提示音；选择"启用"选项，则每次拍摄时都会发出提示音。

完成设置后，相机会显示按拍摄预计需要拍多长时间，以及按当前制式的放映时长。如果录制的延时场景时间跨度较大，如持续几天，则"间隔"值可以适当增加。如果希望拍摄延时视频时景物的变化细腻一些，则可以增加"拍摄张数"值。

录制RAW视频短片

佳能 EOS R6 Mark Ⅱ可通过 HDMI 输出 10bit 无裁切 6K RAW、12bit 裁切 3.7K RAW 信号给 ATOMOS 公司的监视记录仪 Ninja V+，并可转换为 ProRes RAW 格式进行记录。

同时能将全高清代理文件记录在卡槽 2 的 SD 存储卡中。

❶ 在拍摄菜单8中选择HDMI RAW输出 选项

❷ 点击选择开选项，然后点击 SET OK图标确定

❸ 在拍摄菜单1中选择短片记录尺寸选项

❹ 点击选择HDMI选项

❺ 点击选择需要的尺寸选项，然后点击 SET OK图标确定

录制HDR视频短片

HDR 短片适用于高反差场景，能够较好地保留场景中的高光与阴影中的细节。当将 HDR 短片输出到兼容 HDR 的显示器时，能够表现出比 SDR 短片更高的亮度、更丰富的色彩和画面层次。

❶ 在**拍摄菜单2**中选择**HDR短片记录**选项

HDR 短片几乎无须调色，后期可以套用照片风格，简单地完成颜色调整，且 HDR 短片具备 10 位的颜色信息，支持同时设定自动亮度优化和高光色调优先。

不过由于 HDR 的工作模式是多帧进行合并以创建 HDR 短片，所以短片的某些部分可能会出现失真的现象。为了减少这种失真现象，推荐使用三脚架稳定相机进行拍摄。

❷ 点击选择**启用**选项，然后点击 SET OK 图标确定

当启用"短片数码IS""延时短片""高光色调优先""Canon Log 设置""HDR PQ 设置"等功能时，HDR 短片拍摄功能不可用。

录制慢动作视频短片

让视频短片的视觉效果更丰富的方法之一，就是调整视频的播放速度，使其加速或减速，呈现快放或慢动作效果。

实现视频快放的方法很简单，通过后期处理将1分钟的视频压缩在10秒内播放完毕即可。

要获得高质量的慢动作视频效果，则需要在前期录制出高帧频视频。例如，默认情况下，如果以 25 帧 / 秒的帧频录制视频，1 秒只能录制 25 帧画面，回放时也是 1 秒。

但如果以 100 帧 / 秒的帧频录制视频，1 秒录制 100 帧画面，当以常规 25 帧 / 秒的速度播放视频时，1 秒内录制的视频则在播放时延续 4 秒，呈现出电影中常见的慢动作效果。

这种视频效果特别适合表现那些重要的瞬间或高速运动的拍摄题材，如飞溅的浪花、腾空的摩托车、起飞的鸟儿等。

佳能 EOS R6 Mark II 相机会以 FHD 179.8P IPB 、FHD 150.0P IPB 、FHD 119.9P IPB 、FHD 100.0P IPB 格式录制高帧频视频。

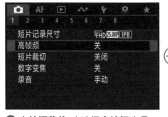

❶ 在**拍摄菜单1**中选择**高帧频**选项

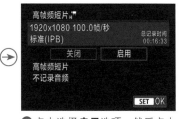

❷ 点击选择**启用**选项，然后点击 SET OK 图标确定

录制预录视频

佳能EOS R6 Mark II是EOS全画幅相机中首款引入短片预录功能的机型。

使用此功能可记录按下短片拍摄按钮前3秒或5秒的影像。

在拍摄时机难以预测的报道现场或野生动物等领域，即便没有及时开始录制，也可记录下最多5秒前的影像，可以帮助用户捕捉突发性的瞬间，大幅提升了捕捉关键场景的效率。

将此功能开启后，相机将始终保持静默录制状态，但只保留3秒或5秒的片段。当相机检测到录制视频按钮被按下后，则此刻向前3秒或5秒的视频会被保留下来。

❶ 在**拍摄菜单6**中选择**预录设置**选项

❷ 在**预录**选项下选择**开**选项，在**记录时间**选项下选择预录的秒数

◀ 按下录制视频按钮的时刻

▲ 预录 3 秒的视频　▲ 正式录制的视频

▲ 预录 5 秒的视频

最终得到的视频

第11章

口播、美食、VLOG等常见
视频类型实战拍摄方法

了解固定机位的视频拍摄

顾名思义，固定机位是指在拍摄视频时，无论是使用一台还是多台相机，这些相机的位置均保持固定不动。

这种拍摄方式对拍摄技术要求不高，如果是在室内拍摄，只要设置好相机和灯光，便可以一直使用一组参数拍摄不同的内容。因此，如果创作者初期不太懂相机的参数设置及灯光布置，可以由有经验的摄影师设置好拍摄参数以后直接使用，边拍摄边学习。

虽然从操作方式上看以固定机位拍摄视频不太灵活，但实际上，许多网上爆火的视频都是使用这种方式拍摄的。

使用固定机位拍摄口播视频技术要点

口播类视频的重点是内容，而不是形式。对拍摄场地要求低，对拍摄技术及设备要求也不高，因此许多视频创作者都是从拍摄口播类视频进入视频创作领域的。

无论是使用三脚架还是其他类型的稳定设置，只需确保相机稳定、灯光明亮，即可开始录制视频。

对于初学者，刚开始录制视频时，可以参考使用快门速度 1/60 秒、ISO 100、F4 这组拍摄参数。

根据当前场景的明亮程度有可能需要提高 ISO，在光线稍暗的场景下，有时 ISO 可能会达到 1500 左右。虽然，此时视频画面会有一点噪点，但由于视频画面是动态的，因此整体观感尚可。

根据背景需要的虚化程度，光圈数值可能会在 F1.8 至 F8 之间改变，此时要注意调整 ISO 数值，以平衡整体曝光。

由于口播类视频通常在室内录制，在光线恒定的情况下，选择自动白平衡即可。

在对焦设置方面，如果口播者前后晃动幅度不大，在光圈处于 F8 左右时，可以使用手动对焦。如果光圈较大，且口播者有前后明显晃动或走动，要在拍摄视频状态下开启自动对焦功能，并选择识别"人物"模式，以确保相机能够实时跟踪主播的面部。

使用固定机位拍摄美食

用固定机位拍摄美食的流程

许多新手在拍摄美食视频时，不知道如何构思整个拍摄流程及拍摄哪些镜头。其实，拍摄美食完全可以依据制作美食的三个阶段来规划拍摄流程。

介绍

即介绍要制作的美食的特点及大致制作流程、注意要点。拍摄时将相机架设在厨师的对面，使用广角镜头（或远距离拍摄），表现整个场景及厨师的面貌特征。

切配

切配，饮食行业称为食材细加工。"切"，就是用各种刀法把原料加工成烹调需要的各种形态；"配"，就是把加工好的原料，按菜肴需要搭配在一起。

在表现这个过程时，可以使用长焦镜头或将相机架设在距离菜品切配区较近的位置，以表现操作的细节。

拍摄时要注意更换细微的景别及角度，避免视角过于固定、单调，以丰富视频画面。

除了将相机架设在厨师的对面，还可以将相机架设在厨师身后，以过肩的镜头向下俯视拍摄切配操作，从而模拟第一视角，增强观众在观看视频时的沉浸感与代入感。

在以此角度拍摄视频时，也可以考虑使用本书前面介绍过的运动相机，最后将其与相机拍摄的视频剪辑在一起。

烹饪

在这个过程中，厨师要展示翻炒、调味的操作方法，通常使用两种机位进行表现。

第一种仍然是将相机架设在厨师对面或侧面，以长焦特写表现厨师在灶台上的操作。

第二种是将相机架设在灶台外侧，以俯视角度拍摄。但以这种角度拍摄时镜头容易起雾，因此更适合油烟少的西餐。

装盘

　　起锅装盘这个过程虽然简单，但其实很有仪式感。许多食物在锅里的形态完全谈不上美观，但如果盛在光洁的餐盘中，并以整洁的桌布为背景，整个画面的美感会成倍增加。

用固定机位拍摄美食的灯光要点

　　使用相机拍摄美食时，灯光是一个很重要的要素，一定要通过补光或提高原有灯光照度的方式，使制作美食的场景看上去明亮干净，同时更好地还原食材原本的色泽。

　　如果在拍摄时使用了较大功率的补光灯，建议关闭室内原有灯光，以避免相机的白平衡还原失误。

　　如果是家居类美食创作者，可以视拍摄场景的面积使用一盏功率为300W左右的补光灯。如果是美食直播间，至少需要3盏补光灯，两盏在主播四点钟、九点钟方向，一盏在顶部。

用固定机位拍摄美食的参数设置

　　在光线充足的情况下，用相机拍摄美食建议使用以下参数。

　　如果在一个较小的场景内拍摄，视频画面也较为简单，此时即便设置较大的光圈，视频画面的景深也仍然能够满足展现所有细节，这样就可以将光圈设置为F4左右。否则，可以将光圈设置得小一些，以获得较大的景深。

　　如果场景较开阔，要获得类似《舌尖上的中国》的浅景深效果，则需要将光圈设置得稍大一些。

　　感光度要设置在视频画面曝光正常情况下的最低挡位。

　　快门速度要根据帧率进行设置。

　　对于白平衡，可以选择自动，如果预览视频画面感觉色彩还原不十分准确，可以使用手动设置色温或手动自定义白平衡。

让视频画面更丰富的小技巧

　　在录制美食视频时，可以拍摄几个水花溅起、葱花散开、油开冒泡、面粉洒落的慢动作片段，从而使视频画面更丰富。

　　录制慢动作视频的操作方法，在第10章有讲解，大家可参考学习。注意：在拍摄慢动作视频时无法录制声音，因此在后期剪辑时要配音。

用固定机位拍摄美食时的录音要点

拍摄美食类视频时，录音是一项非常重要的工作。因为在制作美食时，必然会有切菜、油煎等过程，在这个过程中逼真有声音有助于提高视频的现场感。

拍摄美食视频时，通常采用同期录音及后期配音两种方式。

同期录音是指用本书前文所提到的各类录音设备，录制制作美食时的声音。比较常用的是枪式指向性麦克风，这种麦克风有一定的录音距离，可以避免出现在视频画面中，但录制时还是要尽量靠近发声源。如果还需要同期录制人的声音，可以使用无线领夹麦克风。

如果录制的是讲解细致的教学式美食视频，或者环境较为嘈杂，可以使用后期配音的方式。即先录制视频，在后期制作时添加人声及做菜时的音效。

如果长期拍摄美食视频，建议录制或购买一套专门针对美食领域的音效库。

用固定机位拍摄美食时特写镜头运用要点

"最高端的食材往往只需要最朴素的烹饪方式"这句知名的文案，由于《舌尖上的中国》的成功而在美食视频制作领域广泛流传。

《舌尖上的中国》之所以成功有多方面的因素，但从摄影及视频制作角度来看，其成功离不开创新的镜头表现手法，其中最典型的就是《舌尖上的中国》使用了大量高清、特写、浅景深镜头。这样的镜头放大了食物的质感，凸显了食物本身的色泽质感，刻画出了美食的细节，给人一种强烈的代入感、沉浸感。这些特写镜头在早期基本上都是由佳能 5D Mark II 配合大光圈长焦镜头拍摄的。

《舌尖上的中国》给美食视频创作者的启示：不仅要善于、敢于使用近景、特写、浅景深镜头，最好在视频中拥有个性化的镜头语言风格，这样才能够从众多美食视频中脱颖而出。

另外，《舌尖上的中国》的文案及背景音乐，也是值得大家学习与借鉴的。

用固定机位拍摄多镜头 VLOG

拍摄 VLOG 的第一步——定主题

与美食类视频不同，VLOG 是一种视频表现形式，并不是主题，因此在拍摄之前一定要确定整条视频的主题。例如，可以是一个网红公园的打卡过程、一个手办的制作过程、一次旅游的过程、一道美食从采购原材料到出锅的过程，甚至可以是一次逛商场的过程。

VLOG 对于观众的意义大多属于了解另一种生活方式。例如，城市白领可以通过观看张同学的视频了解东北农村的生活原生态，可以通过观看李子柒的视频了解如何制作美食，可以通过观看"手工耿"的视频了解如何制作一件"没有用"的"科技发明"。总结起来就是，视频创作者要去做别人一直都想做的事，去过别人一直想过的生活，然后将其记录下来。

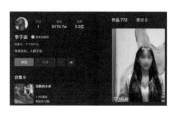

VLOG 除了要主题鲜明，内容还要有新意，在此基础上再辅以悦耳的背景音乐、流畅的视频节奏或酷炫的运镜，才能够让观众有看完的动力。

所以，制作一条 VLOG，大体包括主题及脚本策划、拍摄、后期剪辑，在这个过程中拍摄可能是最简单但却最烦琐的步骤。

拍摄 VLOG 的第二步——写脚本

确定拍摄主题后，就要进入脚本写作环节。这个环节对于简单的 VLOG 并不是必需的，但对于新手或要拍摄的是一段时间跨度、地域跨度较大，或者有多人参与的视频，则一定要撰写详细的脚本。只有这样，在后期剪辑合成视频时，才不会陷入"巧妇难为无米之炊"的窘境。

关于脚本创作的方法在本书第 9 章有详细讲解，大家可以参考学习。

拍摄 VLOG 的第三步——找音乐

一条好看的 VLOG 通常都有悦耳并合拍的背景音乐，此时背景音乐的作用不仅仅是提升观赏性，更重要的作用是统合整条视频的节奏。

要明白这一点，只需看看在抖音上火爆的卡点短视频即可。当到达音乐卡点位置时，观众的潜在心理是希望画面跟随音乐一起变化，否则就有一种不协调的感觉。

因此，在确定主题、写好脚本之后，一定要花一些时间找到几首跟视频主题调性相匹配的背景音乐，具体选择几首取决于视频的长度。

拍摄 VOLG 的第四步——拍素材

进入拍摄视频素材阶段后，只需按脚本安排场景、架设相机进行拍摄即可。

在安排好景别、机位的情况下，只要确保视频的曝光正常、对焦准确，就能顺利完成拍摄。

在拍摄过程中，运用的还是前面介绍过的曝光、对焦、构图、用光等知识。

在拍摄过程中，要注意拍摄一些空镜头，作为视频的"留白"，也可以作为视频的开场或结束画面。

如果需要，还可以运用前面学习过的延时视频及慢动作视频的拍摄手法，拍摄一些视频素材，从而丰富视频的画面效果。

拍摄视频素材时一定要秉承宁多勿少的原则，多拍素材。

对于重要的场景，一定要试录，并回放视频以检查曝光、收音、焦点、构图等要素。

拍摄 VLOG 的第五步——剪辑

这部分不是本书的重点，但对每个创作者来说都格外重要，除非以团队的形式拍摄视频，否则创作者通常不能指望将自己拍摄的一堆素材，外包给他人剪辑出符合自己期望的视频。

创作新手可从学习剪映开始，对于要求不太高的视频，此软件足以胜任。

使用运动机位拍摄视频技术与难点

什么是运动机位

使用运动机位拍摄视频是指在拍摄视频时，利用稳定器、摇臂或电动滑轨等设备移动相机拍摄视频的方法。换言之，在拍摄视频的过程中，相机始终处于移动过程中。

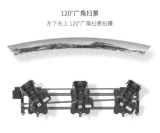

120°广角扫景
左下右上120°广角扫景拍摄

此时，可以使用本书前面讲过的推、拉、摇、移、甩等多种运镜手法，使视频画面的变化更丰富。

常用运动机位拍摄的视频

使用运动机位拍摄视频的方法通常应用于以下几种题材。

- 在拍摄探店、房屋介绍、小区介绍等类型的视频时，通常使用稳定器手持相机，采用推或拉的运镜手法，体现空间感。
- 在拍摄旅游风光类视频时，通常会使用摇、移、甩等多种运镜手法让视频转场更酷炫。
- 在拍摄延时视频时，通常使用电动滑轨缓慢移动相机，从而拍出视角缓慢变化的视频。
- 在拍摄人物纪实、采访类视频时，如果被拍摄的人物处于运动中，要使用稳定器或手持相机，跟随人物同步运动。

运动机位视频拍摄的两个难点

稳定性难点

如果拍摄视频时相机发生运动，创作者首先要确保相机的运动是平滑、稳定的，虽然有些相机内置稳定系统，但从使用效果来看，还是建议使用手持稳定器。

即便使用了手持稳定器，在拍摄视频时也要保持重心稳定，小步慢走，否则视频仍然有晃动的感觉。

为了避免画面出现轻微的抖动，有些创作者先以4K分辨率来拍摄视频，后期通过裁剪、平移等方法来模拟出镜头移动的感觉，但从效果来看，画面动感不如使用稳定器拍摄出来的更真实。

追焦难点

当以运动机位拍摄视频时，由于相机与被拍摄对象同时处于运动状态，因此对焦的难度会加大。

如果相机的对焦系统不够灵敏、强大，有可能导致被拍摄对象失焦。

如果在拍摄过程中相机与被拍摄对象之间有其他对象经过，也有可能导致被拍摄对象失焦。

如果拍摄场景的光线比较弱，或者主体与背景之间的对比不明显，也有可能导致相机失焦。

拍摄时要注意开启相机在视频拍摄模式下的跟踪对焦功能，并且在拍摄时尽量确保相机与被拍摄对象之间的距离恒定，或者波动幅度较小，以提高相机跟踪对焦的成功率。

除了使用相机的自动跟踪对焦功能，如果对相机操作较为熟练，还可以使用手动对焦的方式来进行跟踪对焦，此时可以采取的方式有两种。

第一种是手动旋转相机对焦环来跟踪对焦，适用于拍摄成本不高，被拍摄对象及相机缓慢运动的场景。拍摄时，右手持稳相机，注视相机的液晶显示屏，观察被拍摄对象的焦点变化，左手缓慢旋转相机的对焦环。

第二种是给相机添加跟焦环套装，拍摄时要一边观察相机液晶显示屏或监视器，一边旋转跟焦环。这样的附件由于成本高、技术要求高，通常只用在剧组或视频团队中。

拍摄时避免丢失焦点的技巧

在拍摄运动的对象时，有时可能无法避免被拍摄对象与相机中间出现遮挡物，此时一定要通过控制"短片伺服自动对焦追踪灵敏度"菜单，以确保焦点不会丢失。

如何拍摄空镜头视频

空镜头的 6 大作用

空镜头是视频的重要组成部分，在短视频中应用较少，但在中、长视频中应用广泛，概括起来空镜头有以下 6 大作用。

- 交代时间、地点、环境，如冬季、商场、午后，或者空旷的海边、日出时刻等。

- 过渡转场：利用与主题有关的空镜头可以从一个场景自如地切换到另一个场景，从而串接起两个或多个镜头。

- 给解说词留出时间：对于有旁白的视频，解说词的重要性可能大于视频。当需要长时间解说时，可以用空镜头来留出解说时间。

- 营造气氛、给出隐喻：视频主角难以言表的心情、动作、情绪等，可以借用空镜头来表达。例如，当表现主角悲伤的心情时，可以接入一段拍摄萧瑟凋零树木的空镜头画面。又如，当表现主角愤怒的情绪时，可以接入一段咆哮的海浪画面。

- 省略时间：一个空镜头在视频中只有几秒的时间，但却可以代替生活中更长的时间，如几年、十几年等。例如，前一个镜头是孩子的面孔，组接一个冬去春来的延时摄影空镜头，下一个镜头可以是一张成熟的面孔。

- 调节节奏：在内容量较大的视频中加入空镜头，可以缓解观众的视觉疲劳和听觉疲劳。

常见空镜头拍摄内容及拍摄方法

常见空镜头拍摄内容

实际上，空镜头并不存在固定的拍摄内容，从本质上说，所有可拍的对象均可以被拍摄为空镜头。但对新手创作者来说，可能对空镜头的拍摄内容还是有些迷惑，因此笔者在此总结了当前在网络上比较流行的几种空镜头拍摄内容。

- 拍摄蓝天下的绿叶：拍摄时可以手持相机缓慢移动，可以采用固定机位，可以旋转相机，也可以推或拉镜头。这样的空镜头几乎是"万金油"，可以应用在不同类型的视频中。同理，也可以拍摄蓝天下的花朵。

- 拍摄穿过树叶缝隙的阳光：这一题材适合逆光拍摄，使阳光在视频画面中产生光晕。同样的道理，也可以拍摄穿过手指缝隙、云层缝隙的阳光。

■ 拍摄随风飘动的树叶、花朵：拍摄时可以考虑使用大光圈，以突出唯美的氛围。

■ 拍摄车水马龙的街头：拍摄时可以使用延时视频的拍摄手法，以突出城市的快节奏；也可以使用拍摄慢动作的方法，使画面中的某一个行人、某辆车缓慢移动，以突出悠闲的情调。

■ 拍摄建筑：无论是古代建筑还是现代建筑，均可以通过合适地移动机位配合运镜手法拍成可用度很高的空镜头。拍摄时，为了增加景深，可在前景找到植物或栏杆形成遮挡及虚化。

其他如咖啡溶解、信鸽飞翔、学生放学、老人蹒跚、风吹落叶、屋檐滴水等也都可以拍成空镜头，并根据视频的调性分别应用。

常见的空镜头拍摄方法

拍摄空镜头与拍摄主观镜头、客观镜头在技术上并没有区别，但在最终效果方面最好都是动感的。

■ 当拍摄静止的对象时，最好采用移动机位或在固定机位使用可以拍出动感的推、拉、摇、移等运镜手法，从而让画面不显得单调。

■ 当拍摄运动的对象时，可以采用固定机位进行拍摄，或者进行小范围的移动。

如果拍摄时机位无法移动，并且被拍摄对象也是静止的，可以尝试利用光影的移动来增强画面的动态效果。

如何拍摄绿幕抠像视频

绿幕视频的作用

如果要将人物与另一个场景进行合成，则需要提前拍摄绿幕背景视频。例如，在拍摄带货视频时，可以先拍摄主播讲解画面，再与工厂视频进行合成，或者将主播讲解画面与一个由3D软件渲染生成的场景进行合成，或者与计算机界面进行合成。

这也是许多电影常用的合成方式。

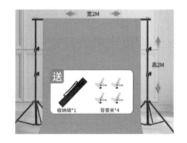

拍摄绿幕视频的方法

前期准备

要拍摄绿幕视频，需要在场地、灯光、幕布 3 个方面分别进行准备。

- 场地：主播距离背景幕布最好有 1.5 米的距离，以防止绿色幕布的颜色反射到主播身上。
- 灯光：要分别对主播及幕布打光，当给绿幕背景布光的时候，光线越平越好，这样能够确保幕布颜色均匀，没有高光点或阴影块，以方便后期抠图，常见的方式是在幕布两侧 45° 的位置各放一盏灯。
- 幕布：根据场地及拍摄时所使用的镜头焦段，以不穿帮、漏背景为最低尺寸要求，幕布要尽量平整，以避免形成明暗不均的区域。

后期合成

完成拍摄后，即可使用剪映及 Premiere、Final Cut 等能够完成抠图并合成视频的剪辑软件进行处理。

以 Premiere 为例，只需使用"视频效果"功能里的"超级键"即可较完美地完成抠像合成任务，如右图所示。

获得本书赠品的方法

1. 打开微信，点击"订阅号消息"。

2. 在最上方的搜索框巾输入"好机友摄影"。

3. 点击"好机友摄影"公众号。

4. 点击右上角的"关注"绿色按钮。

5. 点击左下角的输入图标。

6. 转换成为输入框状态。

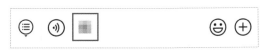

7. 在输入框中输入本书第 186 页最后一个字，然后点右下角的"发送"按钮，注意，只输入一个字。

8. 打开公众号自动回复的图文链接，按图文链接操作。